Mukesh Kumar Kulsreshath

# Matrizes de microdescarga em silício

Mukesh Kumar Kulsreshath

# Matrizes de microdescarga em silício

## Desenvolvimento e estudo

**Imprint**
Any brand names and product names mentioned in this book are subject to trademark, brand or patent protection and are trademarks or registered trademarks of their respective holders. The use of brand names, product names, common names, trade names, product descriptions etc. even without a particular marking in this work is in no way to be construed to mean that such names may be regarded as unrestricted in respect of trademark and brand protection legislation and could thus be used by anyone.

Cover image: www.ingimage.com

This book is a translation from the original published under ISBN 978-620-2-06060-8.

Publisher:
Sciencia Scripts
is a trademark of
Dodo Books Indian Ocean Ltd. and OmniScriptum S.R.L publishing group

120 High Road, East Finchley, London, N2 9ED, United Kingdom
Str. Armeneasca 28/1, office 1, Chisinau MD-2012, Republic of Moldova, Europe
Managing Directors: Ieva Konstantinova, Victoria Ursu
info@omniscriptum.com

Printed at: see last page
ISBN: 978-620-4-73774-4

# Agradecimentos

Expresso a minha sincera gratidão ao Prof. Remi DUSSART por me ter permitido realizar esta investigação sob os seus auspícios. Estou especialmente grato pela sua confiança e pela liberdade que me deu para este doutoramento.

Gostaria de lhe agradecer a sua contribuição nas principais discussões científicas e as suas excelentes sugestões relacionadas com o trabalho de doutoramento. O seu total apoio e orientação permitiram-me concluir o meu projeto de doutoramento dentro do prazo e com a marca europeia. Com o seu apoio, pude trabalhar noutros laboratórios europeus, principalmente no laboratório de microplasma da Ruhr-Universitat Bochum, Alemanha.

Gostaria de agradecer à atual diretora do laboratório. Chantal LEBORGNE e ao anterior diretor do laboratório Jean-Michel POUVESLE por me terem acolhido no GREMI (Groupe de Recherches sur l'Energetique des Milieux Ionises) e por me terem dado todo o apoio durante o meu doutoramento.

Gostaria de agradecer a todos os membros do júri, Jean-Michel POUVESLE (presidente do júri), Jorg WINTER (relator da tese de doutoramento), Mark BOWDEN (relator da tese de doutoramento), Volker SCHULZ-von der GATHEN (membro do júri) e Lawrence John OVERZET (membro do júri), pela sua participação e interesse no meu trabalho de doutoramento.

Gostaria de agradecer a Nader SADEGHI do laboratório LiPhy. Grenoble (França), pela disponibilização dos seus equipamentos e pelo seu total apoio na realização de experiências baseadas em espetroscopia. Gostaria de agradecer a Marion WOYTASIK, Guillaume SCHELCHER, David BOUVILLE e a outros colegas do IEF-CTU em Orsay (França) pelo seu total apoio no fabrico de dispositivos de microdescarga.

Gostaria de agradecer a Jorg WINTER e a Volker SCHULZ-von der GATHEN por me terem recebido no seu laboratório na Ruhr-Universitat Bochum (Alemanha). Em especial, gostaria de agradecer a Volker SCHULZ-von der GATHEN por me ter ajudado e apoiado no trabalho experimental.

Gostaria também de agradecer a Henrik BOTTNER e Judith GOLDA pelo seu apoio no trabalho experimental. Os meus agradecimentos vão também para Verena M. SCHARF, que me deu todo o apoio na organização da minha estadia.

Gostaria de agradecer ao meu grupo de investigação "Equipe Gravure" por me ter apoiado durante o meu doutoramento.

Um agradecimento especial a Philippe LEFAUCHEUX. Philippe apoiou-me muito com os seus conhecimentos de engenharia, para manter a configuração experimental actualizada. Sem o seu apoio, era impossível completar todo o trabalho experimental relacionado com a sala limpa. Outros agradecimentos especiais vão para Thomas TILLOCHER e Julien LADROUE por me terem apoiado no meu trabalho de doutoramento com as suas técnicas de gravação altamente especializadas........................................ como o processo STiGer......... !!! Gostaria também de agradecer a Todos os colegas do GREMI por me terem apoiado durante a minha estadia no GREMI. Obrigado a todos os GREMIst! Esta tese não teria sido possível sem a vossa ajuda.

Os meus agradecimentos especiais vão para os meus pais e para a minha querida esposa Sneha, pela sua confiança e amor durante todos estes anos.

*Mukesh Kumar KULSRESHATH*

# Índice

# Introdução geral

O microplasma está a tornar-se um tópico importante na comunidade do plasma. Os microplasmas compreendem as descargas de cátodo oco (MHCD), os microjactos e as descargas de barreira dieléctrica (DBD). Todos eles podem funcionar à pressão atmosférica e são plasmas de não-equilíbrio. Entre estes diferentes tipos de microdescargas, as MHCDs aparecem como uma configuração de dispositivo muito promissora para conduzir corrente DC ou AC através de diferentes gases. Neste reator em particular, o microplasma estável é confinado dentro de uma cavidade. Embora tenham sido propostas muitas configurações de dispositivos MHCD, ainda não foram apresentados sistemas integrados que envolvam MHCDs e microeletrónica.

As técnicas de microfabricação, que têm sido intensamente utilizadas para o processamento de semicondutores, podem ser aplicadas para elaborar dispositivos de microdescarga. Nesses dispositivos, o volume do plasma pode ser reduzido até à escala de nanolitros, o que pode conduzir a fenómenos físicos ainda não observados e trazer novas e variadas aplicações para os dispositivos. Uma equipa americana liderada por G. Eden, da Universidade de Illinois (Urbana), propôs uma abordagem nova e original para formar matrizes de microplasma de silício (geometria piramidal) utilizando um processo de gravação húmida *[Ede-03]*. Embora tenham experimentado diferentes métodos e proposto várias configurações em diferentes materiais, o seu sistema não está realmente integrado num dispositivo.

O objetivo deste trabalho de doutoramento é propor diferentes tipos de micro-reactores de silício fabricados por técnicas de microfabricação, caracterizá-los através de diagnósticos eléctricos e ópticos e testá-los em paralelo para o processamento de gás. Desta forma, pretende-se obter uma melhor compreensão dos fenómenos físicos relacionados com.
Estes tipos de microdescargas têm um enorme potencial para várias aplicações futuras, como a tecnologia de visualização ou fotónica, sensores incorporados, fontes de luz UV e tratamentos de superfície. Estes dispositivos funcionam normalmente em gases inertes. No entanto, apesar das suas muitas aplicações potenciais em muitos domínios tecnológicos diferentes, a compreensão de vários fenómenos físicos, como o seu comportamento de não-equilíbrio a alta pressão, o efeito da pressão na rutura em diferentes configurações, a temperatura do gás no interior das configurações micrométricas são ainda questões de interesse.

O presente trabalho está relacionado com o estudo de dispositivos de microdescarga baseados em alumina e silício. Neste estudo, são explorados os regimes de corrente contínua (DC) e corrente alternada (AC) utilizando diferentes configurações de dispositivos. O comportamento das microdescargas é estudado para matrizes de furos simples e múltiplos. Só se essas caraterísticas do plasma forem conhecidas para dimensões micrométricas, será possível adaptar e modificar especificamente os novos dispositivos de acordo com as aplicações pretendidas.

As caraterísticas das microdescargas são investigadas utilizando a caraterização eléctrica, a espetroscopia de emissão ótica (OES), a espetroscopia de absorção, o microscópio eletrónico de varrimento (SEM) e imagens de câmaras. Os resultados experimentais são comparados com as simulações numéricas.

Este trabalho de doutoramento foi realizado no âmbito do projeto ANR JCJC SIMPAS (Systems of Integrated Micro Plasma Arrays in Silicon). Os estudos apresentados neste trabalho de doutoramento são realizados em colaboração com muitos laboratórios de investigação nacionais e internacionais. Desde 2005, o GREMI colabora em microdescargas com a equipa do Prof. L. J. Overzet da Universidade do Texas em Dallas, Richardson, EUA. L. J. Overzet, da Universidade do Texas em Dallas, Richardson, EUA. As amostras de alumina foram fabricadas nesse local e os primeiros dispositivos de silício foram também construídos nas instalações da sala limpa da UTDallas, EUA. Os dispositivos de silício foram depois fabricados em colaboração com as salas limpas do IEF-CTU (MINERVE), Orsay, França e do CERTeM (Centre d'Etude et de Recherche Technologiques en Microelectronique) em Tours, França. Uma parte dos estudos relacionados com a caraterização dos dispositivos é realizada em colaboração com J. Winter, V. Schulz-von der Gathen e a sua equipa na Ruhr-Universitat Bochum (RUB), Bochum, Alemanha. Esta colaboração permitiu efetuar as medições de espetroscopia de emissão ótica resolvida em fase (PROES) das mircodescargas em corrente alternada. Uma parte do trabalho de doutoramento relacionado com a espetroscopia é realizada em colaboração com N. Sadeghi do LiPhy (Laboratoire interdisciplinaire de Physique) em Grenoble, França. Estas experiências permitiram-nos medir a temperatura do gás das microdescargas e a sua densidade eletrónica utilizando a espetrometria de emissão ótica (OES) e a espetroscopia de absorção com laser de díodo (DLAS). Finalmente, em colaboração com o Laboratório L. Pitchford Laplace (Laboratoire Plasma et Conversion d'Energie) de Toulouse, França, simulámos várias experiências de microdescargas através do software GDSim, o que nos permitiu conhecer os parâmetros físicos fundamentais (distribuição espacial do campo elétrico, temperatura dos electrões, densidade das espécies carregadas, ....).

## Descrição do trabalho

No **primeiro capítulo**, é feita uma breve introdução aos plasmas atmosféricos, a diferença entre plasmas de equilíbrio termodinâmico local (LTE) e plasmas de equilíbrio termodinâmico não local (não LTE) e os seus principais domínios de aplicação. É descrito o fenómeno de rutura relacionado com a pressão. É apresentada uma breve perspetiva dos diferentes tipos de tecnologias de microplasma à pressão atmosférica existentes, incluindo uma discussão alargada sobre os princípios de funcionamento das micro descargas de cátodo oco (MHCD) integradas na plataforma de silício (Si). São apresentadas resumidamente as principais aplicações industriais potenciais destes plasmas integrados.

No **segundo capítulo**, são apresentados os avanços e desafios dos dispositivos microestruturados de plasma de pressão atmosférica em relação com o estado da arte. É apresentada uma perspetiva das concepções de reactores de microdescargas (MDR) integrados à base de Si com diferentes configurações e disposições. É apresentada uma introdução às tecnologias de fabrico de MDRs baseados em silício (Si). Discute-se a configuração experimental e os diferentes métodos de caraterização utilizados no estudo.

Os estudos do fenómeno de ignição e extinção para amostras à base de alumina (ALO3) são apresentados no **capítulo três**. Aqui, a ênfase principal é dada à caraterização do comportamento das microdescargas para o início e o fim do plasma. São apresentadas medições espectroscópicas utilizando a espetroscopia de absorção por laser de díodo sintonizável (TDLAS), para uma análise mais profunda destes fenómenos, juntamente com medições da temperatura do gás.

**O quarto capítulo** apresenta os resultados obtidos para os MDR à base de silício em regime DC. São apresentadas as caraterísticas de matrizes de microdescargas com um único orifício e de múltiplas microdescargas. Os resultados da simulação de uma única microdescarga são apresentados para explicar o comportamento das espécies de plasma e a espessura da bainha em diferentes condições. São apresentados fenómenos como a ignição de extremidades e o tempo de vida dos dispositivos.

No **capítulo cinco**, são apresentados estudos de microdescargas de silício em regime AC. As caraterísticas do dispositivo de microplasma são apresentadas utilizando a Espectroscopia de Emissão Ótica Resolvida por Fase (PROES) e uma câmara de dispositivo de carga acoplada intensificada equipada com um microscópio de longa distância. Discutem-se aqui fenómenos como o efeito da frequência na ignição, a existência de uma onda de ignição e a ignição de borda para MDRs de Si integrados.

No final, são resumidos os principais resultados obtidos para as microdescargas em diferentes regimes.

*Capítulo 1*

# Introdução

## 1.1 Introdução às microdescargas

### *1.1.1 Introdução aos plasmas atmosféricos e microplasmas*

Os plasmas são cada vez mais utilizados em aplicações industriais. Um dos principais domínios de aplicação é dedicado às micro-nano tecnologias. Os plasmas oferecem muitas vantagens que não podem ser obtidas por outros meios (por exemplo: reacções químicas em fase líquida, ...). Embora a maior parte dos plasmas utilizados pela indústria dos semicondutores funcione a baixa pressão, podem também ser produzidos plasmas próximos da pressão atmosférica (10 mbar < P < 10 bar) para outras aplicações. Os plasmas de pressão atmosférica próxima, se forem bem controlados, podem proporcionar muitas vantagens em termos de densidade radicalar, densidade eletrónica .

De facto, dependendo das quantidades de densidade de energia transferidas para o plasma, as suas propriedades mudam em termos de densidade de electrões e de temperatura dos electrões. Com base nestas propriedades, os plasmas frios podem ser divididos em duas categorias: Plasmas de equilíbrio termodinâmico local (LTE) e plasmas de equilíbrio termodinâmico não-local (não-LTE). Nos plasmas térmicos ou plasmas LTE, as transições e reacções químicas são controladas por colisões com electrões e neutrões, e não por processos radiativos. Contudo, aqui as colisões entre as diferentes espécies devem ser micro-reversíveis para várias reacções, nomeadamente excitação/excitação, ionização/recombinação, equilíbrio cinético, etc. *[Moi-96]*.

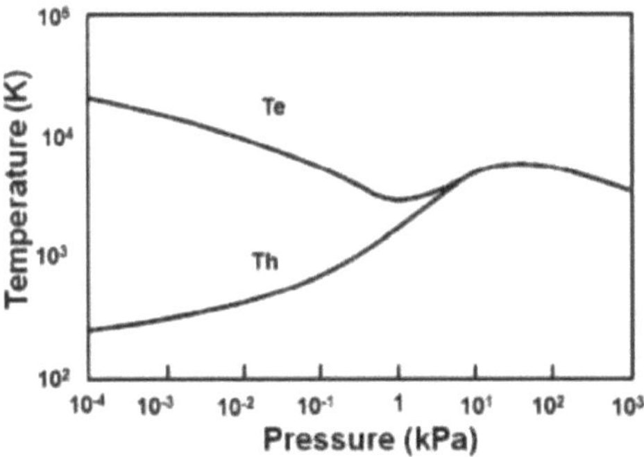


**Figura 1.1: Efeito da pressão na temperatura do gás (partícula pesada) (Th) e na temperatura do eletrão (Te), no plasma de mercúrio (Hg). [Bou-94]**

Assim, no plasma térmico, a temperatura do eletrão é igual à temperatura do gás e do ião (partículas pesadas) *[Bou-94]*. Por outro lado, o plasma de equilíbrio não térmico apresenta duas temperaturas distintas: a temperatura do eletrão ($T_e$) e a temperatura das partículas pesadas ($T_h$). Para níveis baixos, a taxa de desexcitação induzida por electrões do átomo é geralmente inferior à taxa de excitação induzida por electrões correspondente, devido a uma taxa de desexcitação radiativa significativa *[Moi-96]*. Este facto leva ao desvio do comportamento da distribuição de Boltzmann para a densidade de átomos excitados. Neste caso, os electrões movem-se muito rapidamente e são susceptíveis de governar as colisões e os fenómenos de transição, em comparação com as partículas pesadas. Consequentemente, a temperatura do plasma ou a temperatura do gás é determinada pelas partículas pesadas ($T_h$). A figura 1.1 mostra o efeito da pressão na temperatura do gás e dos electrões, no plasma de mercúrio (Hg), da ref. *[Bou-94]*. A partir desta figura, é evidente que a baixas pressões ($10_{-4} \sim 10_{-2}$ kPa), a temperatura do eletrão é muito superior à temperatura do gás. Assim, os plasmas de baixa pressão são plasmas não-LTE.

A baixa pressão, as partículas pesadas são excitadas ou ionizadas através de colisões inelásticas com electrões. Estas colisões inelásticas não aumentam a temperatura destas partículas pesadas. A uma pressão mais elevada, as colisões entre os electrões e as partículas pesadas no plasma são intensificadas. Estas conduzem tanto à química do plasma (por colisões inelásticas) como ao aquecimento das partículas pesadas (por colisões elásticas). Assim, a diferença entre $T_e$ e $T_h$ diminui e o estado do plasma aproxima-se do estado de equilíbrio térmico. Assim, os arcos à pressão atmosférica pertencem à categoria LTE.

Mas a alta pressão leva a pequenos caminhos livres médios para as diferentes partículas. Isto leva a uma elevada taxa de colisão e os plasmas à pressão atmosférica estão mais expostos a instabilidades. Para além do impacto superficial de partículas pesadas, a ionização gradual efectiva e a ionização Penning envolvendo partículas metaestáveis podem conduzir a uma avalanche de geração de electrões secundários. Isto pode levar a descarga de um modo estável de incandescência para um arco térmico. Assim, um arco pode também ser caracterizado pela emissão térmica de electrões a partir do cátodo. Além disso, a pressão atmosférica leva à necessidade de um campo elétrico aplicado mais elevado do que nos plasmas de baixa pressão. Esta necessidade de um campo elétrico mais elevado pode ser satisfeita de duas maneiras: ou aplicando uma tensão mais elevada ou reduzindo a distância entre os eléctrodos. Em 1889, Friedrich Paschen foi o primeiro a explicar a relação do fenómeno de rutura com a tensão aplicada, a pressão e a dimensão. A sua famosa lei é conhecida na literatura como "lei de Paschen" *[Pas-89]*.

Uma ideia promissora para evitar instabilidades ou o modo de arco térmico e para gerar descargas incandescentes estáveis à pressão atmosférica é conceber reactores de plasma com pequenas configurações de confinamento até dimensões micrométricas, seguindo a lei de Paschen. Devido às suas pequenas dimensões, este tipo de descargas é conhecido como "microdescarga" ou "microplasma" *[Foe-06, Iza-08, Bec-06]*. Devido às suas pequenas dimensões e capacidade de trabalho à pressão atmosférica, o domínio dos microplasmas tem desenvolvido muitas aplicações na última década *[Iza-08]*. Os microplasmas podem ter interesse sobretudo na tecnologia de visualização (TV de plasma, fontes de luz fotónicas, etc.) *[Kul-12, Iza-08]* e no domínio biomédico *[Van-12]*.

Os conceitos básicos da decomposição da descarga relacionados com a lei de Paschen são descritos na secção seguinte.

### 1.1.2 Processo de decomposição

Com o fornecimento de energia suficiente a um volume de gás, pode produzir-se uma ionização. Este fenómeno de ionização do gás é conhecido como decomposição do gás. A tensão de rutura para uma vasta gama de pressões de gás (p) pode ser relacionada com a distância entre eléctrodos (d), tal como mencionado na lei de Paschen. A lei de Paschen *[Pas-89]* estabelece que a tensão de rutura depende do produto *pd* em vez de depender individualmente de *p* e *d*. A Figura 1.2 mostra a curva de Paschen para diferentes gases, para a tensão de rutura em relação ao produto da pressão p e da distância do elétrodo d *[Pap- 63]*.

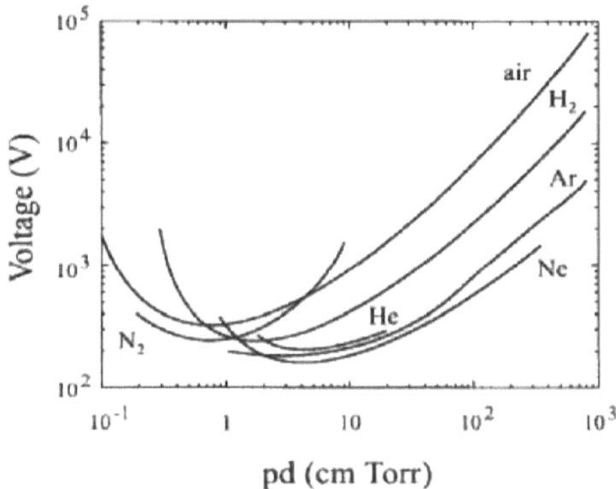


*Figura 1.2 : Curvas de Paschen para diferentes gases. [Pap-63]*

No lado direito da curva da figura 1.2, a tensão de rutura aumenta com o produto pd. Isto indica que a avaria só se pode desenvolver se os electrões puderem acelerar o suficiente antes de colidirem com os neutros para ionizar eficazmente o meio. Nesse caso, é necessária uma tensão aplicada mais elevada. Pelo contrário, no lado esquerdo da curva, a tensão de rutura diminui com o produto pd. Aqui, os electrões não colidem o suficiente para ionizar eficazmente o meio entre os dois eléctrodos. Antes de entrarmos em mais pormenores, discutiremos primeiro a caraterística V-I de um plasma DC.

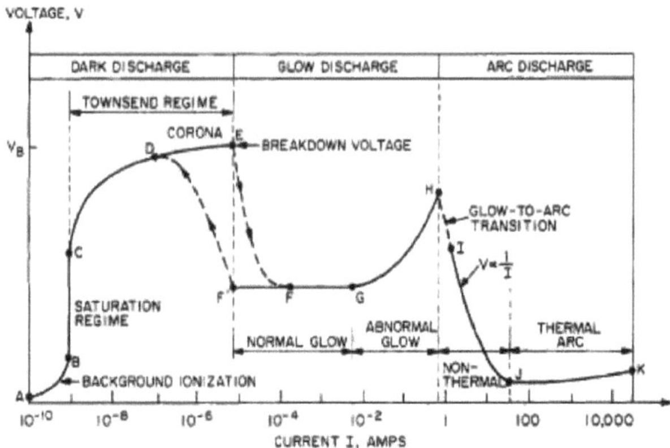



**Figura 1.3: Caraterísticas V-I normalizadas de um tubo de descarga de baixa pressão em corrente contínua. [Rot-95]**

Os diferentes regimes de plasma DC num tubo de descarga a baixa pressão são mostrados na figura 1.3, onde é apresentada uma caraterística V-I de uma descarga DC a baixa pressão (o gráfico foi retirado de *[Rot-95]*). O gráfico apresenta tendências não lineares da curva V-I.

O regime entre os pontos A e B está relacionado com a ionização de fundo. Esta é a região em que, com o aumento da tensão aplicada, os iões e os electrões criados pelos factores de ionização de fundo são varridos (mostrados pela região A a B no gráfico) *[Rot-95]*. Na região do ponto B observa-se uma mudança brusca de corrente. A parte seguinte da curva, do ponto B ao ponto C, mostra que os iões e os electrões são varridos pelos eléctrodos. Neste ponto, os electrões não têm energia suficiente para produzir mais ionização. Assim, a corrente permanece saturada e esta parte do gráfico é conhecida como regime de saturação. A parte entre os pontos C e E mostra o chamado regime de Townsend da curva V-I. Neste regime, o campo elétrico aplicado é capaz de fornecer energia suficiente aos electrões para produzir mais ionização e um processo de avalanche. Isto pode levar a um aumento exponencial da corrente em função da tensão. Mas neste regime, a descarga não é auto-sustentada. Os electrões secundários do cátodo não são produzidos em quantidade suficiente para produzir uma descarga auto-sustentada. De facto, nesta zona, a corrente e a densidade de carga são demasiado fracas para induzir um campo elétrico de carga espacial. O campo elétrico permanece homogéneo na célula. Consequentemente, sem atingir a tensão de rutura, a descarga não é auto-sustentada e necessita de uma fonte de ionização externa.

Na região entre D e E, devido à concentração do campo elétrico local nas superfícies dos bordos dos eléctrodos, podem ocorrer descargas corona unipolares, que podem exceder a força de rutura do gás neutro circundante. A região que vai do ponto A ao ponto E é normalmente conhecida como "regime de descarga escura". Neste regime, geralmente, a descarga permanece invisível ao olho humano, exceto no regime corona.

Aumentando ainda mais o campo elétrico aplicado, pode obter-se a tensão de rutura ($V_B$), como se mostra no ponto E. A partir deste ponto, dá-se a rutura eléctrica. A descarga passa do "regime de descarga escura" para o "regime de descarga brilhante", que ocorre entre os pontos E e F. Neste regime, a descarga é visível ao olho humano. A tensão de descarga permanece constante e independente do aumento da corrente de descarga. Apenas a área envolvida na superfície do cátodo aumenta com a corrente, mantendo a densidade de corrente constante. Neste regime, os electrões secundários são produzidos em quantidade suficiente para tornar a descarga auto-sustentada.

Com o aumento da corrente de descarga até ao ponto G, o plasma cobre toda a área do cátodo. Após este ponto, a descarga entra no chamado "Regime Anormal". Este é o regime em que a tensão aumenta em função da corrente. Esta região é mostrada entre os pontos G e H no gráfico da figura 1.3. Mas, devido à densidade de corrente muito elevada no ponto H, o cátodo aquece e o plasma entra numa fase descontínua conhecida como "Transição de brilho para arco". Após este ponto, o plasma torna-se um plasma térmico onde as espécies estão localmente em equilíbrio do ponto de vista termodinâmico.

Se se fizer um retrocesso a partir do regime de incandescência normal (ponto G), ver-se-á normalmente uma forma de histerese na caraterística tensão-corrente. A descarga manter-se-á no regime de incandescência normal até ao ponto F', com correntes e densidades de corrente consideravelmente mais baixas, e só depois fará uma transição de volta para o regime de Townsend.

**1.1.2.1 Explicação dos mecanismos do regime escuro para o regime brilhante**

De facto, com o aumento da tensão aplicada aos eléctrodos, o campo elétrico atinge um valor de rutura entre os eléctrodos. Neste ponto, pode ser observada uma pré-rutura, uma vez que uma corrente muito fraca começa a fluir entre o intervalo dos eléctrodos. Aumentando ainda mais a tensão, obtém-se a rutura, que se caracteriza por um aumento abrupto da corrente, ele próprio acompanhado por um aumento significativo da intensidade da incandescência. Este é o ponto da descarga auto-sustentada entre os eléctrodos.

Na rutura, a tensão do elétrodo diminui e a condutividade continua a aumentar, o que ajuda a manter o estado estacionário do plasma. O processo de rutura depende principalmente de dois factores, o coeficiente de ionização a relacionado com as alterações de volume dos electrões e o coeficiente de electrões secundários $\gamma$ relacionado com as alterações da superfície do cátodo. Aqui, a é também designado por primeiro coeficiente de Townsend e está relacionado com o fenómeno de avalanche eletrónica, ou seja, o número de ionizações causadas por um eletrão por unidade de comprimento na direção inversa do campo elétrico aplicado.

O fenómeno de geração de electrões secundários no cátodo está relacionado com $\gamma$, conhecido como segundo coeficiente de Townsend. Este pode ser definido como o número de electrões secundários produzidos por cada ião que incide no cátodo. Este efeito pode também incluir o efeito de fotoemissão e o bombardeamento do cátodo por átomos rápidos ou metaestáveis. Este coeficiente de emissão de electrões secundários depende do material catódico, do gás e do campo reduzido.

Partindo do pressuposto de que a corrente é fraca antes da rutura e que o campo elétrico entre os eléctrodos não é distorcido pelos electrões e iões que passam, podemos relacionar a principal causa do desaparecimento das partículas de carga com as suas velocidades de deriva em direção aos eléctrodos. Então, a densidade de corrente de descarga (j) é dada pela seguinte relação (1.1).

$$j = j_{em} \frac{e^{\alpha d}}{1 - \gamma(e^{\alpha d} - 1)} \qquad (1.1)$$

Aqui, $_{jem}$ é a corrente de fotoemissão fraca do cátodo, irradiado com radiações ultravioletas. O coeficiente de ionização de impacto depende da tensão aplicada e a equação (1.1) pode fornecer informações sobre a corrente de pré-rutura *[Kor - 98]*. Para um campo elétrico baixo, o termo $\gamma(e^{\alpha d} - 1) \ll 1$ e o gráfico da equação (1.1) será uma linha reta. A técnica para medir o coeficiente de ionização por impacto através do declive desta reta foi aplicada pela primeira vez por Townsend para a determinação de a. Para campos eléctricos mais elevados, os processos catódicos secundários são mais relevantes. Neste ponto, a condição para uma tensão de rutura estática ou descargas auto-sustentadas pode ser obtida quando o denominador da equação (1.1) tende para zero, o que, noutros termos, conduz à relação (1.2) *[Lie-05]*.

$$\alpha d = \ln\left(1 + \frac{1}{\gamma}\right) \qquad (1.2)$$

Mas o potencial de rutura também depende de outros parâmetros, como o material do cátodo, a distância entre os eléctrodos, o tipo de gás e a pressão do gás. Tendo em conta todos estes factores, podemos obter a expressão da decomposição dada pela relação (1.3) *[Kor - 98, Lie - 05]*.

$$V_{br} = \frac{B.p.d}{\ln(A.p.d) - \ln\left[\ln\left(\frac{1+\gamma}{\gamma}\right)\right]} \qquad (1.3)$$

Onde p é a pressão do gás e d é a distância entre eléctrodos. As constantes A e B podem ser geralmente calculadas a partir de medições experimentais. Se introduzirmos uma constante adimensional $\delta = pd/(pd)_{min}$, em que $(pd)_{min}$ está relacionado com a tensão mínima de rutura, então a relação acima (1.3) pode ser escrita como:

$$V_{br} = V_{min} \frac{\delta}{1 + \ln \delta} \qquad (1.4)$$

A relação (1.4) é a expressão analítica mais simples para a lei de Paschen. Esta relação permite traçar a curva de Paschen para descobrir a dependência do potencial de rutura com a lei de escala "pressão x distância (p x d)". A baixa pressão e para um valor de corrente moderado, obtém-se uma descarga luminescente. A alta pressão e para dimensões macroscópicas, pode ser criado um arco.

A baixa pressão, o funcionamento estável das descargas incandescentes é possível para *pd* na gama de cerca de 110 Torr cm, onde a tensão de rutura é mínima. Deste modo, para um funcionamento estável a alta pressão, basta diminuir o intervalo de descarga, mantendo o valor *de pd* na mesma gama para permitir a ignição a baixas tensões. De facto, o funcionamento da descarga é instável a alta pressão, mantendo o mesmo *d* que no caso de baixa pressão, o que corresponde a valores *de pd* superiores a 10 Torr cm. Isto deve-se à elevada densidade de corrente, em particular na bainha do cátodo, que é uma fonte de instabilidade e pode levar à transição de incandescência para arco (GAT). O predomínio dos fenómenos de fronteira nos microplasmas, com uma pequena relação volume/superfície em comparação com os plasmas de baixa pressão, desempenha um papel estabilizador ao evacuar as calorias. No entanto, apesar da semelhança entre o microplasma e o seu homólogo de baixa pressão, as densidades de corrente no primeiro são muito mais elevadas, o que faz com que os microplasmas sejam simplesmente uma versão reduzida de um plasma de baixa pressão. A manutenção de um plasma de descarga luminescente difusa estável a alta pressão é um desafio devido à sua suscetibilidade de transição para um arco *[Rai-91]*. O confinamento proporcionado pelos microplasmas e a sua elevada relação A/V podem ajudar a manter o regime de incandescência e evitar a transição para arco.

Os dispositivos atualmente estudados são do tipo "MHCD" (micro hollow cathode discharge). Historicamente, este acrónimo refere-se a um modo específico de funcionamento da descarga, o modo de "cátodo oco", em que a descarga tem uma resistência diferencial negativa. Na secção seguinte, será apresentada e discutida uma panorâmica de muitas microdescargas diferentes.

## 1.2 Visão geral sobre os dispositivos e os métodos para gerar microdescargas

A descoberta de microplasmas pode ser datada do final da década de 1950 *[Whi-59]*. Mas os investigadores começaram a interessar-se mais por este domínio a partir da década de 1990. Com os novos desenvolvimentos tecnológicos na tecnologia de aumento de escala , foi introduzida uma variedade de fontes de microplasma nas últimas décadas. Os recentes avanços nos diagnósticos, na modelação e na tecnologia de fabrico foram impulsionados por requisitos industriais e, ainda mais, por aplicações em grande escala, como os painéis de ecrã de plasma plano (PDP) *[Kog-99]*. Nesta secção, apresentamos uma panorâmica dos diferentes tipos de fontes de microplasma existentes.

### 1.2.1 Disco de chapa metálica

As descargas em regime de incandescência à pressão atmosférica no ar utilizando eléctrodos metálicos são dificilmente atingíveis devido a instabilidades que tendem a transformar-se em descargas em arco. Isto requer uma tensão de combustão mais baixa de um processo mais eficiente de libertação de electrões no cátodo (emissão termoiónica) e no volume (termoionização) *[Kun-00]*. Este é um exemplo da transição de uma descarga não térmica para uma descarga térmica. Há geralmente dois passos que resultam na transição do arco: (a) contração e termalização da descarga resultante do aquecimento dos neutros (instabilidade térmica ou de ionização por aquecimento) e (b) aquecimento do cátodo resultando na transição da emissão de electrões secundários para a emissão termiónica de electrões no cátodo. Geralmente, a instabilidade térmica é suprimida em descargas de baixa pressão pelo arrefecimento das paredes *[Sta-05]*.

Staack e a sua equipa *[Sta-05]*, mostraram descargas incandescentes estáveis no ar com uma distância interelectrodos variável até alguns milímetros. Segundo eles, se a dimensão espacial da descarga for mantida suficientemente pequena, a transição para uma descarga em arco pode ser evitada. A figura 1.4 mostra as imagens de uma descarga luminescente no ar com diferentes espaçamentos entre eléctrodos de 0,1, 0,5, 1 e 3 mm, respetivamente (esta figura foi retirada da ref. *[Sta-05]*).

Aqui, a espessura da região de queda do cátodo, não resolvida nas imagens, é da ordem dos 10 µm. A região brilhante é uma descarga incandescente normal, termicamente estabilizada pelo seu tamanho, com um diâmetro típico da ordem dos 100 µm. A temperatura de rotação medida foi de cerca de 1550 K *[Sta- 05]*. A densidade de corrente e o campo elétrico reduzido correspondem aproximadamente a valores derivados de leis de semelhança para descargas incandescentes a partir de dados do ar a baixa pressão ($j/p^2 = 300$ pA.cm$^{-2}$.Torr$^{-2}$ e $E/p = 10 - 30$ V.cm$^{-1}$.Torr$^{-1)}$, desde que seja feita uma correção para a elevada temperatura do gás.

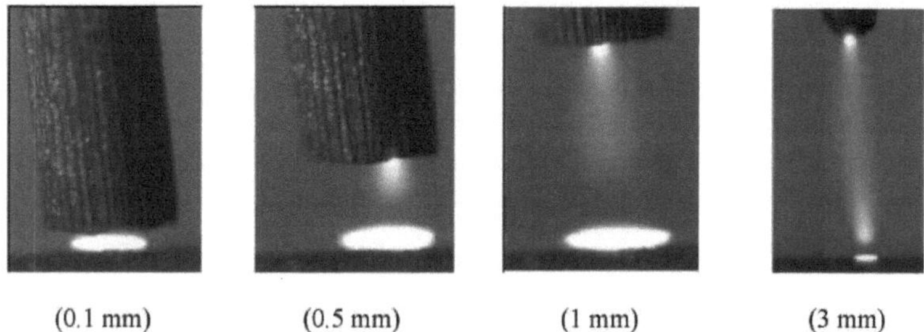



*Figura 1.4: Imagens de descarga incandescente no ar à pressão atmosférica a diferentes espaçamentos entre eléctrodos. [Sta-05]*

### 1.2.2 Descarga por microtorque

Desde os anos 90, foram desenvolvidas numerosas descargas de microtorres com diferentes caraterísticas. São também conhecidas como microjactos ou jactos de plasma de pressão atmosférica (APPJ). Todas elas diferem em termos de conceção e dimensão, gás de trabalho, frequência da tensão aplicada, mas o princípio de funcionamento é o mesmo para todas. O plasma é produzido dentro de um bocal equipado com um ou dois eléctrodos e expandido para fora do bocal através de um fluxo de gás. A Figura 1.5 mostra alguns exemplos de APPJ. A parte (a) da figura mostra tubos capilares de aço inoxidável com diâmetros internos entre 178 µm e 508 µm como cátodos e uma malha metálica ou um substrato de molibdénio (Mo) com temperatura controlada como ânodo (o exemplo é retirado da ref. *[San-02]*). A distância entre os eléctrodos pode variar entre uma fração de 1 mm e vários mm. Ao alargar o princípio de funcionamento das microdescargas de cátodo oco à geometria do tubo, foi demonstrada a formação de microjactos de plasma estáveis e de alta pressão em regime DC numa variedade de gases, incluindo Ar, He e H2. O funcionamento em paralelo dos microjactos foi demonstrado com resistências de lastro. A Figura 1.5 (b) mostra exemplos de APPJs retirados das referências *[Wel-08] [Foe-05]* e são utilizados em aplicações biomédicas. São acionados por meio de tensão RF (13 ou 27 MHz) em

Ar como gás de trabalho. A potência utilizada foi inferior a 50W. As descargas Micro-Torch (MTD) ou jactos de plasma de pressão atmosférica (APPJ) utilizam gases raros para o seu funcionamento e têm estados de plasma fora do equilíbrio.

Um estudo experimental da propagação de plasma de gases raros à pressão atmosférica num capilar de alta razão de aspeto foi relatado por um dos grupos de investigação do GREMI que trabalha em aplicações biomédicas. Este trabalho relatou o novo desempenho e a caraterização de um dispositivo de canhão de plasma designado por pulsed atmospheric-pressure plasma streams (PAPS), como se mostra na figura 1.5 (c), no âmbito dos estudos e avaliação de fontes de plasma não térmico para aplicações biomédicas *[Rob-12]*.

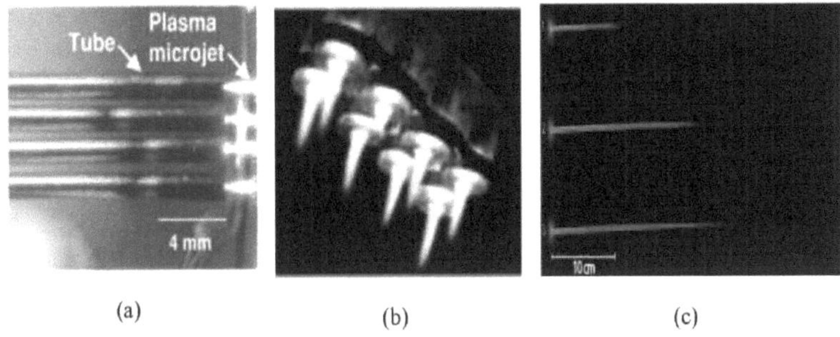



(a)         (b)         (c)

*Figura 1.5: Exemplos de Jactos de Plasma de Pressão Atmosférica (APPJs) (a) Uma fotografia de quatro microjactos de plasma de Ar a funcionar em paralelo [San-02], (b) um módulo constituído por seis APPJs, e [Wel-08] (c) Fotografias de câmara digital da propagação de PAPS de néon num capilar de borossilicato com 45 cm de comprimento para as três formas de onda de tensão. [Rob-12]*

O plasma foi gerado com um dispositivo de pistola de plasma baseado num reator de descarga por barreira dieléctrica (DBD) alimentado por impulsos de alta tensão de nanossegundos ou microssegundos de tempo de subida em frequências de disparo único a multi-kHz. As propriedades únicas deste tipo de plasma não térmico lançado em capilares, longe do plasma DBD primário, estavam associadas a uma onda de ionização rápida que viajava a uma velocidade da ordem dos $10^7$-$10^8$ cm s$^{-1}$. Este tipo de plasma estava a propagar-se em capilares e a expandir-se no ar ambiente.

### 1.2.3 Descarga de barreira dieléctrica (DBD)

As descargas por barreira dieléctrica (DBD) são conhecidas há mais de um século. Atualmente, as DBD são amplamente utilizadas para gerar plasmas de não-equilíbrio à pressão atmosférica de uma forma controlável. A Figura 1.6 mostra exemplos de algumas configurações de DBD geralmente utilizadas. Um DBD consiste em dois eléctrodos separados por uma camada dieléctrica *[Hip-07, Bec-04]*. Normalmente, os DBD funcionam em corrente alternada com uma gama de frequências de kHz, uma vez que a corrente contínua não pode atravessar a camada dieléctrica. A presença de uma ou mais camadas dieléctricas ao longo do intervalo de descarga entre os eléctrodos é importante para este tipo de descargas. Esta camada dieléctrica é útil para evitar a transição para o regime de arco, uma vez que limita a corrente de descarga. As microdescargas formam-se devido à acumulação de electrões na camada dieléctrica. A camada dieléctrica ajuda a distribuir as microdescargas de forma aleatória na superfície do elétrodo. Este papel das cargas superficiais conduz normalmente à filamentação da descarga e caracteriza-se por picos de corrente de duração muito mais curta do que o período de excitação CA. Os materiais típicos das barreiras dieléctricas são o vidro, o quartzo e a cerâmica. Podem também ser utilizadas folhas de plástico, placas de teflon, tubos de silicone e outros materiais isolantes *[Wag-03]*.

Existem dois modos diferentes de DBD: o modo filamentar e o modo difuso. Os DBD funcionam geralmente em modo filamentar. Se o campo elétrico local no intervalo entre os gases atingir o nível de ignição, a rutura ocorre em muitos pontos, seguida do desenvolvimento de filamentos *[Gui-00, Don-05, Kog-03]*. O segundo tipo de modo, as descargas difusas (tipo brilho) também foram observadas em DBD *[Kle-01, Ner-04]*. O modo difuso das descargas é preferível do ponto de vista da aplicação. No modo difuso, as descargas são mais previsíveis e proporcionam um tratamento mais uniforme. No entanto, o modo difuso conduz a descargas de baixa densidade. Um modo de descarga difusa pode ser obtido através de electrões semente, fotoemissão e fotoionização *[Gol-05]*.

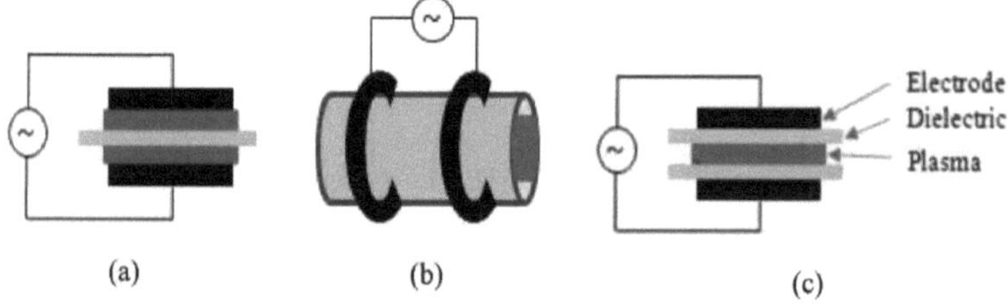


*Figura 1.6: Exemplos de configurações de DBD geralmente utilizadas.*

Aqui, o processo de ignição das microdescargas pode ser explicado com o conceito de serpentinas. De facto, com o aumento da tensão no ponto de rutura, forma-se um plasma primário quase neutro ou uma serpentina. Um streamer é um plasma fracamente ionizado formado a partir da avalanche primária num campo elétrico suficientemente forte.

As correntes desempenham um papel importante nas condições de rutura e têm uma certa condutividade. Ao atingirem os eléctrodos, podem modificar o campo de modo a que o grau de ionização e a corrente possam aumentar consideravelmente; em última análise, isto conduzirá a uma descarga de faísca na fenda.

Aqui, o processo de ionização por colisões eletrão-ião e um processo de fotoionização desempenham um papel importante na geração de avalanches secundárias. As serpentinas podem ser de dois tipos: serpentinas dirigidas para o cátodo ou positivas ou dirigidas para o ânodo ou negativas.

## Serpentina positiva

A geração de uma serpentina positiva é mostrada na figura 1.7 *[Rai-91]*. Com a avalanche primária, os átomos excitados produzem fotões na direção da avalanche primária, em direção ao cátodo. Os electrões produzidos pelos fotões iniciam o processo de avalanche secundária na mesma direção. Estes electrões de avalanche secundária misturam-se com os iões gerados durante a primeira avalanche e formam um plasma quase neutro. Assim, a avalanche de iões secundários aumenta o efeito da carga positiva perto do cátodo e expande o canal de plasma, o que resulta na formação de uma serpentina.

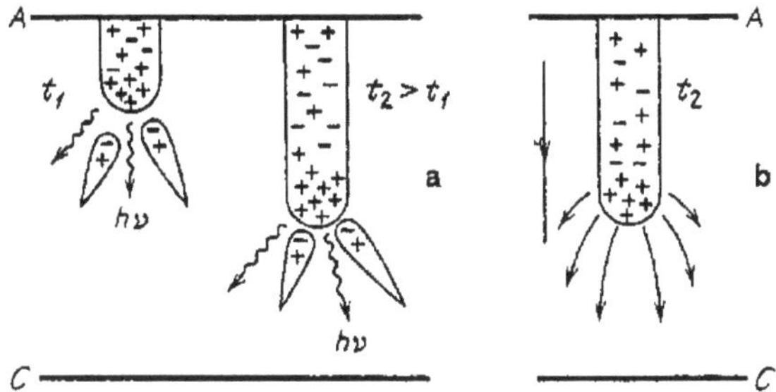


*Figura 1.7: Serpentina positiva ou dirigida pelo cátodo, (a) Serpentina em dois momentos consecutivos, com avalanches secundárias que se deslocam em direção à cabeça positiva da serpentina, as setas onduladas são fotões que geram electrões de semente para as avalanches, (b) Linhas de força do campo perto da cabeça da serpentina. Retirado da ref. [Rai-91]*

## Serpentina negativa

A serpentina é chamada negativa se o início do processo de avalanche estiver próximo do cátodo primário e se a serpentina se mover principalmente na direção do ânodo, como mostra a figura 1.8 *[Rai-91]*. As caraterísticas de propagação são diferentes das apresentadas no caso da serpentina positiva, porque neste caso os electrões derivam na mesma direção que a frente da serpentina de plasma, e não em sentido contrário, como no caso do crescimento dirigido pelo cátodo. Como resultado da radiação que provoca a fotoionização, são produzidas avalanches secundárias em frente da cabeça da serpentina carregada negativamente e virada para o ânodo.

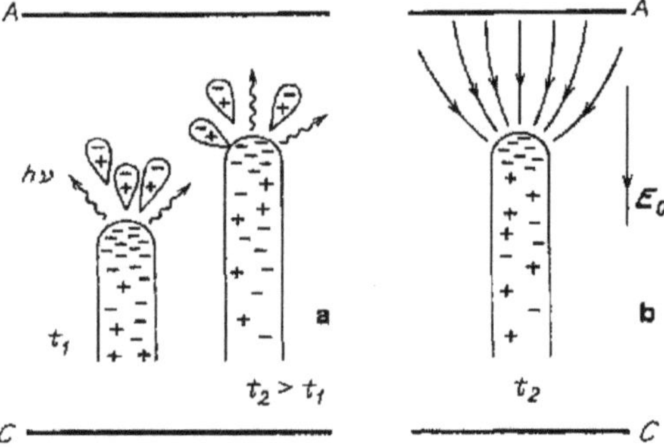

*Figura 1.8: Serpentina negativa ou dirigida por um ânodo, (a) Fotões e avalanches secundárias em frente da cabeça da serpentina em dois instantes de tempo consecutivos, (b) Campo na vizinhança da cabeça. Retirado da ref. [Rai-91]*

### 1.2.4 Descarga da camada limite do cátodo (CBL)

Schoenbach et. al. *[Sch-04]* apresentaram um artigo sobre a camada limite catódica (CBL) em 2004. A Figura 1.9 mostra um diagrama da estrutura das descargas CBL. As descargas CBL podem ser produzidas entre um cátodo plano e um ânodo em forma de anel separados por uma camada dieléctrica com uma espessura da ordem dos 100 µm a alta pressão ou à pressão atmosférica. O diâmetro da cavidade cilíndrica é da ordem de algumas centenas de microns. Como o cátodo está próximo e tem uma superfície plana, a descarga é limitada à queda do cátodo e ao brilho negativo, com o brilho negativo a servir de ânodo virtual. O plasma na região de incandescência negativa fornece um caminho radial de corrente para o ânodo metálico em forma de anel.

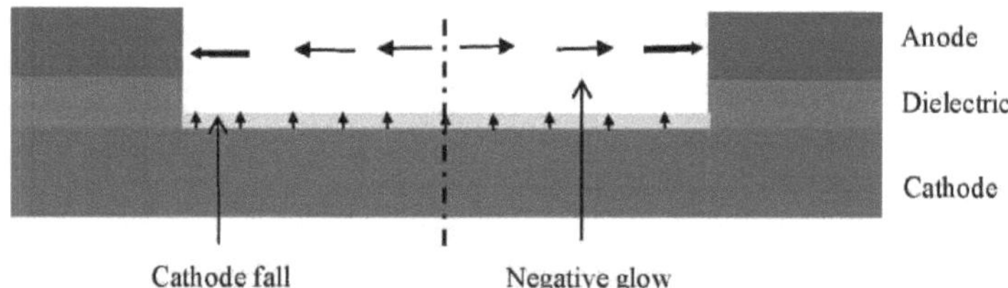


*Figura 1.9: Estrutura das descargas da camada limite do cátodo (CBL).*

A Figura 1.10 mostra exemplos de descargas CBL retirados de *[Sch-04]*. As descargas CBL estavam a funcionar em Xe para diferentes pressões e correntes. O diâmetro da abertura do ânodo era de 0,75 mm. O padrão do plasma consistia em estruturas filamentosas dispostas em círculos concêntricos. As estruturas de auto-organização são mais pronunciadas a pressões inferiores a 200 Torr e tornam-se menos regulares quando a pressão é aumentada. Uma caraterística importante das descargas CBL é o declive positivo das caraterísticas V -I durante a maior parte da corrente. O funcionamento em paralelo destas descargas é possível sem resistências de lastro individuais. Isto foi demonstrado por Frame e Eden em 1998 *[Fra-98]* com conjuntos de dispositivos de microplasma em silício (Si) com a estrutura descrita nas próximas secções.

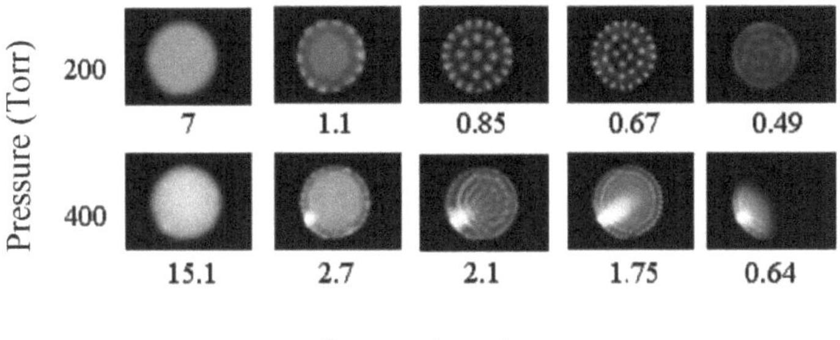



*Figura 1.10: Imagens de descargas CBL para o gás Xe em função da pressão e da corrente para pressões de 200 e 400 torr, com corrente decrescente para várias pressões. O diâmetro da abertura do ânodo é de 0,75 mm. [Sch-04]*

## 1.2.5 Descargas de cátodo micro oco (MHCD)

Novos tipos de microdescargas atmosféricas de não-equilíbrio foram desenvolvidos sob a forma de descargas de cátodo oco (MHCD) e foram propostos pela primeira vez por Schoenbach e colaboradores *[Sch-96]* em 1996. A disposição do dispositivo MHC (Micro-Hollow Cathode) é composta por camadas sanduíche de metal/dielétrico/metal perfuradas parcial ou totalmente. O furo pode ser efectuado por um processo de perfuração mecânica, ou por um processo de perfuração a laser ou por gravação a plasma. O conceito MHC alarga o funcionamento da descarga por cátodo oco, normalmente limitado à baixa pressão, à pressão atmosférica, utilizando pequenos orifícios cilíndricos com um diâmetro (D) tipicamente de 0,1 a 0,25 mm na configuração de sanduíche plana. Tirando partido da lei de escalonamento pd (p é a pressão e d é a distância entre eléctrodos) dada por Paschen *[Pas-89]* e do conceito de geração de microdescargas dado por White *[Whi-59]*, existe uma segunda lei de escalonamento ligada às micro descargas de cátodo oco (MHCD). Esta envolve o produto de pD, em que p é a pressão e D é o diâmetro da abertura do cátodo. Se o produto pD se situar no intervalo entre 0,1 e 10 Torr.cm, podem desenvolver-se descargas que são designadas por MHCD. Estes tipos de descarga são plasmas de não-equilíbrio. A temperatura típica do gás é de cerca de 2000 K. A densidade de electrões é tipicamente de cerca de $10^{15}$cm$^{-3}$ em DC. As simulações numéricas efectuadas por Kushner *[Kus- 05]* mostram que esta descarga tem muitas semelhanças com uma descarga incandescente: uma fina região localizada de queda do cátodo de elevada intensidade de campo e uma temperatura moderada do gás.

### 1.2.5.1 MHCD à base de alumina

Num estudo anterior *[Duf-09]*, a alumina foi utilizada como camada dieléctrica e colocada entre dois eléctrodos metálicos de níquel (Ni) com um ou vários orifícios passantes. A camada dieléctrica Al2O3 tinha uma espessura de 250 μm, enquanto a espessura do elétrodo de níquel era de apenas 6 μm.

O Ni foi depositado por um processo de eletrodeposição. Os orifícios foram feitos por perfuração a laser. A área dieléctrica era de $1^1$ cm$^2$ e a área do elétrodo era de 0,9 x 0,9 cm$^2$.

Este trabalho explicou vários mecanismos físicos e condições específicas de funcionamento dos MHCDs operados em corrente contínua. O regime de auto-pulsação foi estudado para um valor limitado de corrente da fonte de alimentação e para uma rampa de tensão linearmente crescente. Neste caso, a transição do escuro para o brilhante mostrou a existência de um único pico de corrente, com as mesmas caraterísticas das obtidas no regime auto-pulsado.

O regime de incandescência normal foi estudado por caraterização eléctrica, imagiologia e espetrometria de emissão ótica (OES). O estudo das curvas V-I forneceu informações sobre a densidade de corrente destes dispositivos. A propagação do plasma na superfície catódica foi verificada utilizando a câmara ICCD. Utilizando OES, foram analisados os espectros ro-vibracionais do N2. Estes estudos foram efectuados para avaliar a temperatura do gás no interior da cavidade do MHCD. Para o gás He à pressão atmosférica, a temperatura típica do gás situou-se entre 440 K (para 2mA) e 800 K (para 15 mA). A densidade de electrões foi também medida tendo em conta o alargamento Stark do $H_p$. À pressão atmosférica, verificou-se que esta densidade variava entre 5,5 x 10$^{14}$ cm$^{-3}$ (para 2 mA) e 9 x 10$^{14}$ cm$^{-3}$ (para 15 mA).

A existência de um regime de incandescência anormal foi registada através da redução da superfície catódica para estes tipos de MHCDs *[Duf-08]*. Isto pode permitir iniciar o plasma em vários microreactores simultaneamente sem lastro individual. A temperatura do gás, a espessura da bainha e a densidade de electrões foram também estudadas experimentalmente e por simulação. Verificou-se que a limitação da área da superfície do cátodo teve uma grande influência nas propriedades da descarga - tensão de funcionamento, corrente máxima e histerese (na curva V-I). Esta redução ou limitação do cátodo tem uma forte influência na espessura da bainha do cátodo e na temperatura do gás, que se verificou atingir até 600 K a 4 mA *[Duf-10]*. Experimentalmente, foi demonstrada a existência de um fenómeno de histerese atribuído ao tempo de relaxação do calor transferido pela amostra. Este efeito foi estudado em função de vários parâmetros: tempo, pressão, condutividade térmica do gás e dimensão total da amostra, para MHCDs à base de alumina.

### 1.2.5.2  MHCD à base de diamante

Um grupo de investigação de N. Braithwaite e M. Bowden, da Universidade Aberta (Reino Unido), demonstrou recentemente o fabrico e o funcionamento de dispositivos MHCD utilizando um substrato de diamante microcristalino. Estes dispositivos são constituídos por eléctrodos metálicos ou eléctrodos compostos por diamante microcristalino do tipo p (fortemente dopado com boro), depositados nas faces de uma pastilha de diamante microcristalino não dopado. Um único orifício sub-milimétrico foi maquinado através da estrutura condutor-isolador-condutor utilizando um laser de alta potência. As descargas foram geradas em hélio. As tensões de rutura de cerca de 500 V e as correntes de descarga na gama de 0,1-2,5 mA foram mantidas por uma tensão contínua de 300 V. Estes dispositivos MHCD registaram um tempo de vida operacional superior a 5 horas *[Mit-12]*.

### 1.2.5.3 MHCD à base de Si

Nas últimas décadas, utilizando as técnicas intensamente usadas nas tecnologias de semicondutores de óxidos metálicos complementares (CMOS) e de sistemas micro electromecânicos (MEMS), foi introduzido e realizado um conceito de aumento de escala das microdescargas *[Che- 02, Ede-03, Ede-05]*. A ideia de obter elevadas densidades de empacotamento com uma enorme área de cobertura é concretizada sob a forma de matrizes de microplasma com uma configuração de eléctrodos microestruturados (MSE), principalmente em Si. O fabrico destes dispositivos é totalmente compatível com a tecnologia MEMS/CMOS atualmente existente. O próximo capítulo explica as etapas de fabrico deste tipo de dispositivos.

O grupo de Gary Eden, da Universidade de Illinois em Urbana-Champaign, demonstrou pela primeira vez o funcionamento de microdescargas com base em Si utilizando bolachas de Si(100) do tipo p *[Che-02, Ede-03, Ede-05]*. Numa das suas concepções, utilizaram uma estrutura piramidal invertida produzida por modelação litográfica e gravação húmida anisotrópica com solução de KOH. A Figura 1.11 mostra o diagrama de secção transversal de uma microcavidade piramidal invertida (a) e uma imagem de vista superior SEM de um reactor simples (b). A área de cada pirâmide invertida é de 50 x 50 $\mu m^2$ neste caso. Mas esta área pode ser alargada até 100 x 100 $\mu m^2$ e, mais recentemente, até 10 x 10 $\mu m^2$. As dimensões típicas das cavidades são 13 - 400 $\mu m$ de largura e entre 0,2 e 2 mm de profundidade.

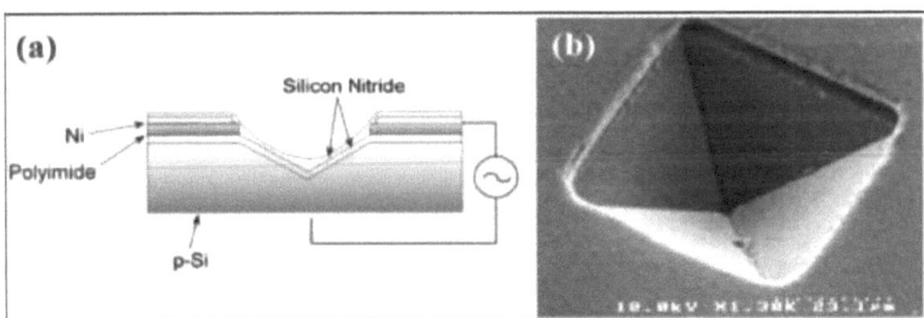


*Figura 1.11: Exemplos de reactores de microdescarga à base de Si fabricados pela equipa de G. Eden, (a) Diagrama em corte transversal de uma microcavidade em pirâmide invertida e de uma estrutura dieléctrica concebida para funcionamento em corrente alternada ou bipolar; (b) Imagem de vista superior SEM de um único dispositivo de microdescarga. (Bec-06) O nitreto de silício que cobre toda a estrutura não está presente quando o dispositivo funciona em corrente contínua.*

Nas suas experiências, foi demonstrado que o papel das camadas dieléctricas é muito importante na determinação das caraterísticas do microplasma devido ao seu impacto na variação espacial do campo elétrico no interior da cavidade. Anteriormente, neste estudo, afirmou-se que as matrizes de microdescargas que funcionam em regime DC sem camada dieléctrica superior (figura 1.12) podem proporcionar um funcionamento mais estável do plasma, com a capacidade de conduzir correntes mais elevadas quando a polaridade é invertida, ou seja, quando o Si actua como ânodo em regime DC *[Che-01]*. Uma caraterística comum a todas estas descargas DC que funcionam a densidades de potência superiores a 10 kWcm$^{-3}$ é a erosão do cátodo. Estas matrizes são mostradas na figura 1.12. A primeira imagem é uma fotografia SEM de uma matriz MDR 10 x 10 com uma profundidade de cavidade de 50 µm e cavidades separadas por 50 µm umas das outras. A segunda imagem mostra o funcionamento das matrizes em regime DC com corrente de 200 V e 20 mA a 1200 Torr Ne. Do mesmo grupo, foi proposta a solução para aumentar o tempo de vida das matrizes a funcionar em DC, utilizando a camada dieléctrica composta *[Par-02]*. A camada dieléctrica composta era constituída por 0,9 µm de $SiO_2$, 0,5 µm de $Si_3N_4$ e 8 µm de poliimida gravável a seco. Esta técnica permitiu o tempo de vida das matrizes MDR, até um fator 50 vezes superior ao obtido com uma única película dieléctrica de poliimida.

(a)            (b)

*Figura 1.12: Matriz MDR de cavidades piramidais fabricada pelo grupo de G. Eden (a) Imagem SEM de uma matriz de 10 x 10 dispositivos de cavidades de 50 µm com espaçamento de 50 µm e (b) imagem da mesma matriz de 10x10 funcionando em DC a 244 V, 20 mA, 1200 Torr Ne. [Che-01]*

*Figura 1.13: Imagens que mostram exemplos de matrizes à base de Si produzidas pela equipa de G. Eden em corrente alternada a 700 Torr Ne, (a) pixel único e (b) uma parte da matriz de dispositivos piramidais de microplasma [Bec-06]*

A equipa de G. Eden apresentou resultados promissores em termos de tempo de vida, especialmente ao cobrir ambos os eléctrodos com uma camada dieléctrica de Si3N4 depositada em ambos os eléctrodos e ao fazer funcionar a matriz em regime AC *[Ede-03]*. Utilizando as mesmas técnicas, foram utilizadas matrizes com milhares de orifícios, com um tempo de vida prolongado *[Ede-05]*. A Figura 1.13 mostra um exemplo de uma matriz com 250 000 cavidades funcionando em CA e em Ne a 700 Torr. O passo para estas matrizes era de 100 µm *[Bec-06]*. Para estes dispositivos, foi atingida uma densidade de potência injetada tão elevada como 250 kWcm$^{-3}$.

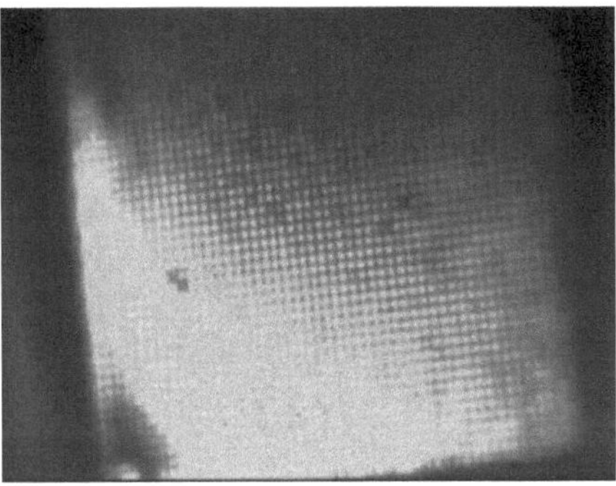

*Figura 1.14: Fenómenos de ignição nas bordas relatados pelo grupo de investigação alemão de RUB utilizando PROES, a imagem é registada com a câmara ICCD (cores falsas) para um intervalo de porta de 200 ns (p = 1000 mbar, f = 10 kHz, Vpp = 780 V). [Boe-10]*

O funcionamento em regime CA destas matrizes foi também caracterizado por um grupo de investigação alemão constituído por J. Winter e V. S. Gathen, na Ruhr-Universitat em Bochum, Alemanha *[Boe-10]*. Estes estudaram a dinâmica das microdescargas utilizando a espetroscopia de emissão ótica resolvida em fase (PROES) em regime AC. Nos seus estudos, demonstraram a existência da onda de ionização para estas matrizes. Mostraram que a ignição da matriz não era contínua, mas que incluía a ignição sucessiva das cavidades presentes numa matriz, como se mostra na figura 1.14 *[Boe-10, Was-08]*. Aqui, a imagem é obtida com uma câmara ICCD (cores falsas) para um intervalo de porta de 200 ns à pressão de 1000 mbar Ar, Vpp = 780 V e com uma frequência de 10 kHz. Os investigadores calcularam a velocidade desta onda de ionização na ordem de alguns km. s$^{-1}$. No mesmo estudo, mostraram também o fenómeno de ignição de bordos para estas matrizes.

### 1.2.5.4 Descargas sustentadas de cátodo oco (MCSD)

Em 1999, Robert H. Stark e Karl H. Schoenbach demonstraram a possibilidade de estender o plasma gerado no interior de um dispositivo MHCD a um terceiro elétrodo externo *[Sta-99a]*. Este tipo de descarga alargada foi designado por "descarga luminescente sustentada por cátodo microburaco" ou MCSD. A Figura 1.15 mostra um exemplo de um sistema MCSD relatado por R. Stark et al, no ar (de ponta a ponta) com a descarga incandescente sustentada do MHCD entre o ânodo oco e o terceiro elétrodo (de lado) a uma pressão de 10 Torr *[Sta-99b]*. A tensão de sustentação da descarga do cátodo micro oco situou-se na gama de 400 a 600 V, dependendo da corrente, da pressão do gás e da distância da fenda. A corrente MHCD foi limitada a valores inferiores a 22 mA (DC) para evitar o sobreaquecimento da amostra.

O funcionamento em paralelo destas descargas indicou o potencial desta técnica para a geração de plasmas de grande volume a alta pressão de gás através da sobreposição de incandescência individual. As MCSD a alta pressão podem ser geradas utilizando qualquer gás. O princípio de funcionamento de um MCSD é semelhante ao do tríodo de vácuo. Aqui, os electrões são extraídos do plasma MHCD por meio de um terceiro elétrodo externo positivamente polarizado, colocado a uma distância de alguns mm do lado do ânodo do dispositivo MHCD. Para passar ao modo MCSD, a geometria do MHCD exige que o campo elétrico gerado pelo terceiro elétrodo seja da mesma ordem que o campo no MHCD.

Para tal, seriam necessárias tensões muito elevadas aplicadas ao terceiro elétrodo, que é colocado a uma distância maior do que a distância entre os eléctrodos do MHCD.

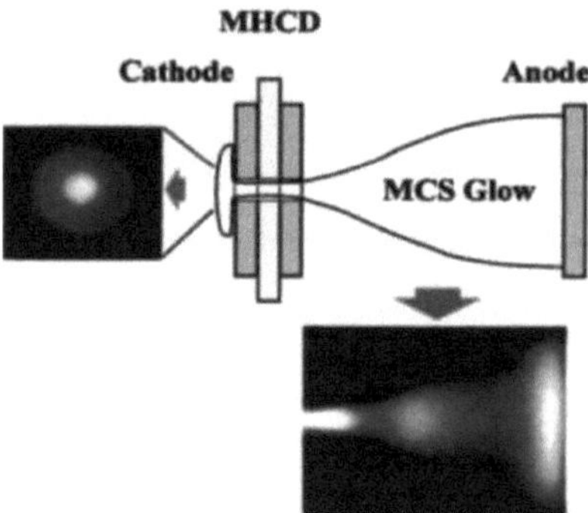


*Figura 1.15: Sistema MCSD com o aspeto do plasma de descarga, de ponta a ponta e de lado a lado. [Sta-99b]*

Para este tipo de descarga, pequenas alterações na tensão de controlo podem levar a grandes alterações no terceiro elétrodo. Esta caraterística da descarga incandescente MCS pode ser utilizada para gerar padrões através do controlo individual de descargas em conjuntos de descargas. Outra caraterística do MCSD é a corrente de limiar necessária para o seu início, o que abre a possibilidade de comutar uma descarga incandescente de grande volume com uma pequena oscilação de tensão. Os resultados experimentais de W. Shi e K. H. Schoenbach indicaram que o funcionamento em paralelo do MCSD poderia ter densidades de corrente da ordem dos 100 A. $cm^{-2}$ *[Sta-99a]*.

## 1.3 Aplicações potenciais dos micro plasmas

A tecnologia dos microplasmas tem potenciais aplicações industriais e académicas. As suas capacidades à escala micrométrica tornam-nos bastante adequados para aplicações biomédicas, tratamento local, dispositivos incorporados, fontes de luz...

### 1.3.1 Fonte de radiações Excimer

Os MHCDs podem ser utilizados como fonte de radiação de excímero. Frame et al. conseguiram demonstrar a produção de luz ultravioleta (UV) com MHCDs à base de Si *[Fra-97, Fra-98a]*. Para estes dispositivos, foi observado um efeito de cátodo oco com uma elevada densidade de potência de 10 kWcm$^{-3}$ a uma pressão de gás igual ou superior a 50 Torr. Este ambiente é ideal para a produção de moléculas transientes, tais como excímeros di-atómicos e tri-atómicos. Em 1998, foi demonstrada pela primeira vez a excitação em onda contínua (CW) de uma molécula de halogeneto de gás raro (monoiodeto de xénon, XeI) *[Fra- 98a]*. Neste estudo, foi observada uma intensa emissão UV a partir de misturas de gás Xe e vapor de I.

Em 2011, V. Martin et al. relataram uma fonte de luz ultravioleta de vácuo (VUV) baseada em MHCD *[Mar- 11]*. A fonte de luz era composta principalmente por um MHCD à base de alumina operando em um Ar/Cl$_2$

mistura. O diâmetro do orifício do MHCD era inferior a 1 mm, resultando numa descarga de elevada densidade de corrente com uma elevada densidade de átomos de Cl excitados. Com o MHCD a funcionar no modo de descarga normal, foi desenvolvida uma lâmpada VUV fiável e pontual. Esta fonte era adequada para medir as densidades de átomos de cloro no estado fundamental de divisão de spin-órbita 2P3/2,$_{1/2}$. A determinação da densidade de Cl em reactores de processo é de particular interesse para a monitorização em linha de reactores de gravação utilizados nas indústrias microelectrónicas.

### 1.3.2  Medicina e biologia

O plasma tem sido utilizado para a esterilização de equipamentos médicos e para implantar a coagulação do sangue *[Dei-08, Far-94]*. Com os recentes desenvolvimentos no domínio dos microplasmas e devido à sua capacidade de produzir grandes fluxos de espécies reactivas de plasma próximo da temperatura ambiente à pressão atmosférica, estes têm merecido a atenção da comunidade médica. O tamanho das microdescargas individuais, que se aproxima das dimensões celulares, sugere novas aplicações em medicina e biologia. Com o seu carácter altamente não-equilibrado e a sua capacidade de proporcionar o tratamento ao nível dos tecidos à pressão atmosférica, foram criadas muitas tecnologias de tratamento diferentes que abrem novos horizontes *[Bec-06, Kon-09, Iza-08]*. Num artigo recente publicado por M G Kong et al. *[Kon-09]*, foi apresentada uma vasta perspetiva sobre as aplicações dos microplasmas no domínio biomédico. Para citar algumas das aplicações explicadas neste artigo, nomeadamente a remoção e esterilização de biofilmes e bactérias planctónicas por plasma de árgon induzido por micro-ondas à pressão atmosférica *[Lee-09]* e a permeabilização de células utilizando plasma não térmico *[Led-09]*.

O grupo de investigação liderado por J.M. Pouvesle e E. Robert no GREMI, Orleans (França) está a trabalhar nas aplicações de microplasmas no domínio da biomedicina. Como já foi referido neste capítulo, desenvolveram uma fonte de microplasma denominada "pulsed atmospheric-pressure plasma streams" (PAPS) *[Rob-12]*. As propriedades únicas deste tipo de plasma não térmico lançado em capilares, longe do plasma DBD primário, estão associadas a uma onda de ionização rápida que viaja a uma velocidade da ordem dos 107-108 cm s$^{-1}$. Os autores relataram a utilização desta fonte para o tratamento de várias doenças, incluindo o cancro, tanto in vitro como in vivo *[Van-12]*.

### 1.3.3 Sensores e detectores

Para a deteção de concentrações vestigiais de espécies perigosas, tanto a nível atómico como molecular, podem ser utilizados sensores baseados em microplasmas. O seu funcionamento à pressão atmosférica, a menor necessidade de energia e as dimensões mais reduzidas dos reactores de microdescargas recentemente desenvolvidos, tornaram-nos uma boa escolha para aplicações de deteção.

Podem ser utilizados como cromatógrafos de gás para detetar moléculas perigosas para o ambiente. A equipa de CM Herring da Caviton Inc. (Champaign, IL, EUA) comunicou o acoplamento de um dispositivo de microplasma (D = 100 μm) a uma coluna comercial de cromatografia gasosa *[Bec-06]*. Mostraram a deteção de elementos tóxicos como o mercúrio (Hg) utilizando microplasmas. A deteção de hidrocarbonetos halogenados foi também apresentada num outro artigo publicado por Miclea et al *[Mic-02]*. Depois de analisar os resultados apresentados por estes estudos, pode prever-se que as matrizes de orifícios múltiplos podem ser úteis no fabrico de um detetor de sensibilidade muito elevada com uma área de superfície de deteção maior.

### 1.3.4 Tratamento de gases e controlo da poluição

O desenvolvimento de descargas sustentadas de cátodo microburaco (MCSE) tornou possível estender o plasma a um ânodo externo (terceiro elétrodo) *[Sta-99a, Sta-99b]*. L. Baars-Hibbe et al., utilizando muitos plasmas de eléctrodos microestruturados (MSE) paralelos, mostraram aplicações importantes no controlo da poluição, como a redução de CF4, NOx e hidrocarbonetos *[Baa-03]*. Esta configuração também poderia ser utilizada para o tratamento de superfícies.

Uma vez que os plasmas podem inativar microrganismos como células, bactérias, esporos, vírus, microplasmas ou matrizes de MSE têm sido investigados no que diz respeito à descontaminação e esterilização de superfícies *[Baa-04, Bec-05]*. Feixes de electrões de alta energia, descargas corona, DBDs e várias descargas de tipo superficial, por vezes em conjunto com um leito de pastilhas ferroeléctricas, têm sido as configurações de descarga mais amplamente utilizadas para a geração de plasmas não térmicos para aplicações ambientais *[Yin-03]*.

### 1.3.5 Análise em pastilha e aplicação microfluídica

Com a integração de múltiplas tecnologias num chip, é agora possível ter analisadores e dispositivos microfluídicos equipados com uma fonte de microplasma. Jan C. T. Eijkel, na sua publicação *[Eij- 00]*, demonstrou um chip de plasma micro maquinado acoplado a um cromatógrafo de gás convencional para investigar o seu desempenho como detetor de emissões ópticas. O dispositivo utilizou uma câmara de plasma de 180 nL na qual foi gerada uma descarga luminescente DC à pressão atmosférica em hélio. Foi demonstrado que o detetor de emissão ótica numa pastilha pode também ser utilizado para cromatografia gasosa. A emissão molecular foi utilizada para detetar compostos que contêm carbono. Este cromatógrafo em pastilha mostrou uma boa detestabilidade utilizando uma fonte de microplasma.

Por outro lado, Jon K. Evju, na sua publicação *[Evj-04]*, mostrou a integração de uma técnica de microdescarga DC para a modificação química das paredes de microcanais utilizando um dispositivo microfluídico. Utilizando uma fonte de microplasma no chip, mostrou que as propriedades dos canais microfluídicos podem ser alteradas entre hidrofílicas ou hidrofóbicas com um gás apropriado. Espera-se que esta afinação localizada das propriedades da superfície e da humidade seja útil no fabrico de canais microfluídicos numa variedade de substratos.

Das secções anteriores, é evidente que as microdescargas têm um enorme potencial para muitas aplicações futuras. Apesar das suas potenciais aplicações, a compreensão dos fenómenos físicos relacionados é limitada. As mais recentes tecnologias de fabrico podem permitir a adaptação e modificação específicas de novos dispositivos de microplasma de acordo com os requisitos de medição. Assim, através da utilização de dispositivos especialmente concebidos, será possível compreender melhor os fenómenos físicos ainda não descobertos relacionados com as microdescargas. No próximo capítulo, apresentamos uma explicação da tecnologia de ponta com o processo de fabrico utilizado para os dispositivos MSE integrados.

# Capítulo 2

# Processo de fabrico de dispositivos e técnicas experimentais

## 2.1 Dispositivos de plasma atmosférico microestruturados

Os dispositivos de microplasma com eléctrodos microestruturados (MSE) têm muitas aplicações potenciais à pressão atmosférica devido à sua natureza flexível, tanto na moldagem do seu design a um requisito de aplicação específico como na finalidade de utilização *[Baa-04, Ede-05]*. Esta especialidade reforça os avanços tecnológicos para o desenvolvimento de novas fontes de microplasma. A compreensão dos fenómenos físicos básicos e da dinâmica de descarga destes dispositivos é uma necessidade atual. Em particular, fenómenos como o efeito das espécies de plasma nas paredes da cavidade, o acoplamento de microdescargas adjacentes numa matriz e o efeito da proximidade na ignição não foram estudados em pormenor até à data, especialmente para dispositivos baseados em Si. Estes tipos específicos de medições devem ser adaptados e optimizados para que os dispositivos de MSE sejam concebidos de acordo com os seus requisitos. Graças aos novos avanços nos processos de fabrico e caraterização eléctrica, bem como às técnicas de espetroscopia integral *[Ede-05, Kul-12, Par-01]*, é possível efetuar estudos para dispositivos MSE. Na próxima secção, apresentamos as diferentes concepções dos reactores de microdescarga (MDR) que utilizámos neste projeto, incluindo dispositivos MHCD simples e conjuntos de orifícios múltiplos.

## 2.2 Reactores de microdescarga em alumina

Para os estudos iniciais, foram utilizados reactores de microdescarga que utilizam alumina ($Al_2O_3$) como material dielétrico. Estes reactores MHCD foram construídos no âmbito de um programa de colaboração entre a UTDallas (Plasma Science and Application Laboratory, L. J. Overzet) e o GREMI Lab. Consistiam numa camada de 250 µm de espessura de camada dieléctrica de alumina ($Al_2O_3$) ensanduichada entre dois eléctrodos de Ni de 8 µm de espessura feitos por um processo de deposição eletroquímica (figura 2.1). Uma cavidade de passagem no centro do chip foi formada pela técnica de perfuração a laser. A perfuração foi efectuada com laser Nd:YAG na empresa "Questech Services Corporation", Texas (EUA) *[Que]*. Estavam disponíveis diferentes diâmetros de MHCD, de 250 µm a 400 µm. De notar que, devido ao processo de laser, a cavidade não era perfeitamente cilíndrica. Mais pormenores sobre o processo de fabrico destes tipos de MHCD podem ser encontrados na tese de doutoramento de Thierry Dufour *[Duf-09a]*.

Utilizámos estes dispositivos para experiências de espetroscopia de absorção com laser de díodo e para caraterizar a ignição e a extinção do micoplasma. Como se explica no capítulo 3, os plasmas obtidos com estes microdispositivos eram bastante estáveis e os microreactores tinham um tempo de vida bastante longo (várias horas de funcionamento a 10 mA).

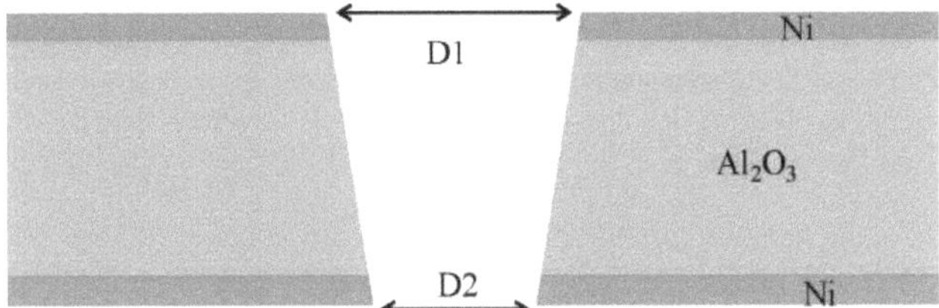


*Figura 2.1: Reator MHCD à base de alumina com uma variação de*
*diâmetro da cavidade de cima para baixo.*

## 2.3 Reactores de microdescarga (MDRs) em silício

### *2.3.1 Disposição geral da estrutura*

Nesta secção, são apresentadas diferentes concepções de MDR utilizando a plataforma de Si. Para os reactores, foi utilizada uma camada de dióxido de silício (sio2) como dielétrico, colocada entre dois eléctrodos: um de Si e outro de níquel. A configuração geral da estrutura de um MDR baseado em Si é apresentada na figura 2.2. A tecnologia de fabrico utilizada para estes dispositivos é explicada em pormenor nas secções seguintes.

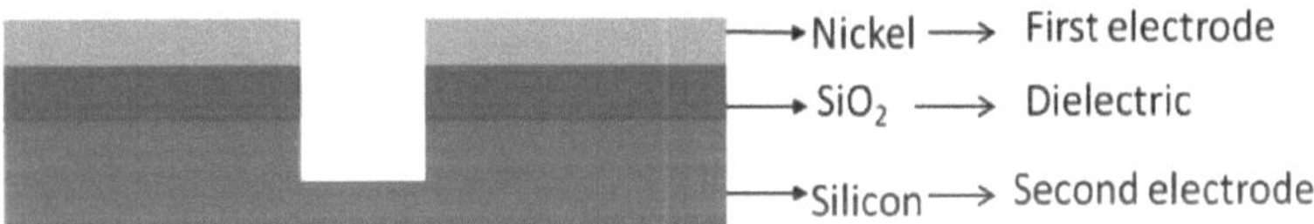


*Figura 2.2 : Estrutura geral e simplificada do MDR para dispositivos*
*baseados na plataforma Si.*

### *2.3.2 Projectos gerais*

Para fornecer diferentes padrões às matrizes MDR utilizando tecnologia compatível com CMOS, o primeiro passo é fabricar os padrões MDR desejados num substrato de vidro ou num material transparente aos UV. Este substrato é então utilizado como um carimbo para produzir muitos padrões semelhantes utilizando a tecnologia de litografia ótica. Os reactores de microdescarga utilizados nos nossos estudos foram modelados utilizando duas máscaras principais diferentes. A figura 2.3(a) e a figura 2.4 mostram as imagens destas máscaras. Estas máscaras tinham dimensões de 5 x 5 polegadas e podem ser utilizadas numa bolacha de 4 polegadas. Estas máscaras foram fabricadas utilizando um vidro de cal sodada com padrões cromados e revestimento antirreflexo. Os desenhos das MDR foram efectuados utilizando um software baseado em CAD. Em seguida, as máscaras foram modeladas por uma empresa alemã ML&C em Jena.

A primeira máscara (mostrada na figura 2.3 (a)) continha 16 modelos de reactores de microdescarga para o elétrodo de Ni de forma quadrada superior. Esta máscara continha desenhos de 4 MDRs de furo único com um diâmetro de cavidade diferente: 25, 50, 100 e 150 µm (mostrado na figura 2.5 (a)); matrizes MDR com 1024 furos (32 x 32) com um diâmetro de cavidade de 50, 100 e 150 µm cada (como mostrado na figura 2.6 (a)); matrizes mistas de círculos e trincheiras mistas (mostradas na figura 2.7); e duas matrizes contendo os acrónimos de GREMI, CNRS e ANR (mostradas na figura 2.8).

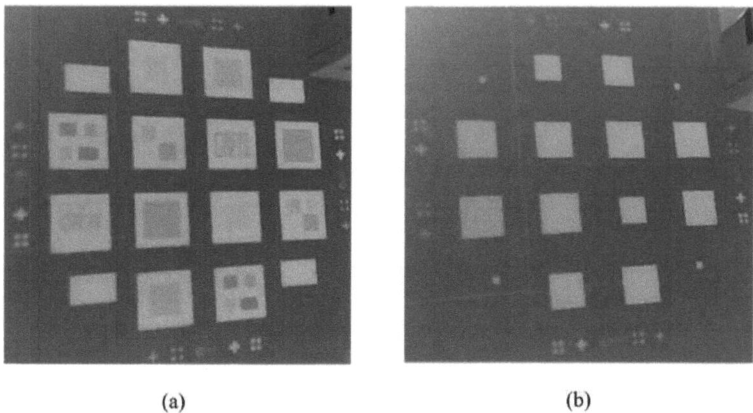

(a)         (b)

*Figura 2.3: (a) Máscara com desenho de elétrodo superior de tipo quadrado utilizada na primeira etapa da litografia ótica (b) máscara utilizada na segunda etapa da litografia ótica para facilitar a gravação das cavidades MDR, cobrindo a área indesejada da bolacha com PR.*

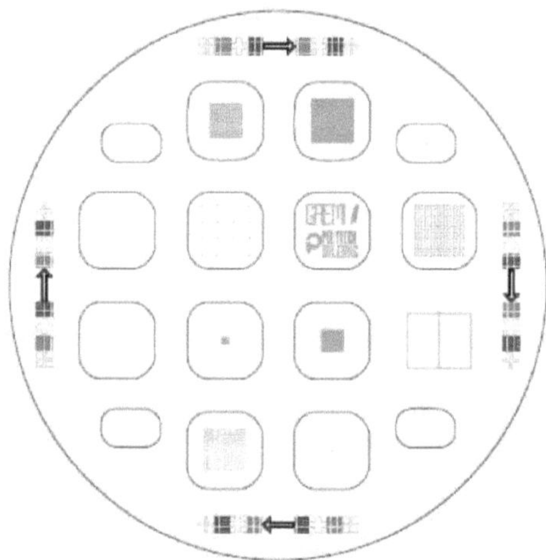

*Figura 2.4: Disposição da máscara com desenho de elétrodo superior de tipo oval com 16 chips MDRs.*

A segunda máscara, que contém desenhos de MDR, tem diferentes configurações com eléctrodos de Ni superiores de forma quadrada com cantos arredondados (figura 2.4). Esta máscara também contém 16 modelos de reactores de microdescarga. Contém desenhos de MDR de furo único com 4 diâmetros de cavidade: 50, 100 e 150 μm, um dispositivo de furo único de 25 μm de diâmetro; duas matrizes com 256 furos (16 x 16) com cavidade diâmetros de 25 e 150 μm, respetivamente (como mostrado na figura 2.6 (b)); duas matrizes com 16 (4 x 4) furos com diâmetro de cavidade 150 μm com diferentes distâncias entre furos (mostrado na figura 2.6 (c) e (d)); duas matrizes com 1600 (40 x 40) orifícios com diâmetros de 50 e 100 μm (ilustradas na figura 2.6 (e)); e três matrizes com concepções especiais: um dispositivo de trincheira longa (ilustrado na figura 2.10), um dispositivo de matriz mista de círculos concêntricos (ilustrado na figura 2.9 (a)) e um dispositivo de matriz mista de orifícios com acrónimos.

Foi criada uma terceira máscara para facilitar a gravação das cavidades do MDR (ilustrada na figura 2.3 (b)). Esta máscara foi utilizada para proteger as áreas sem cavidades e sem níquel, utilizando fotorresiste espesso (PR), como se explica nas secções seguintes. Com esta máscara, a área da pastilha (geralmente 2 cm x 2 cm) para cada MDR individual foi marcada por uma linha com uma estrutura em forma de trincheira com dimensões de 500 μm x 10 μm. Estas marcas também facilitaram a separação da pastilha individual da pastilha 50 após o fabrico. Todas as máscaras foram concebidas com muitos tipos diferentes de marcas de alinhamento com dimensões diferentes para facilitar o processo de fotolitografia multicamada.

Assim, os reactores de microdescarga de furo único têm dimensões de pastilha de 1,5 cm x 1,2 cm (forma retangular) ou 2 cm x 2 cm (forma quadrada de canto arredondado). As dimensões dos eléctrodos de níquel para os dispositivos de furo único eram de 1,1 cm x 0,7 cm ou 1,4 cm x 1,4 cm. Para as matrizes MDR, as dimensões do chip foram mantidas em 2 cm x 2 cm com dimensões do elétrodo de Ni superior de 1,4 cm x 1,4 cm. O elétrodo de Ni pode ter uma estrutura quadrada ou quadrada de canto arredondado, dependendo do desenho.

Estes dispositivos foram produzidos com uma plataforma de silício utilizando uma série de etapas de processamento descritas nas secções seguintes. Nestes dispositivos, o silício foi tratado como um dos dois eléctrodos. Utilizámos bolachas de silício do tipo n com quatro polegadas de diâmetro, com uma resistividade de 5 ou 5000 Ω.cm e uma espessura de 500 μm.

### *2.3.3 MDR de furo único*

Os MDR de furo único foram concebidos com diferentes diâmetros de cavidade, nomeadamente 25 μm, 50 μm, 100 μm e 150 μm. Os desenhos de MDRs de furo único são mostrados na figura 2.5. Foram concebidas formas rectangulares (a) e quadradas (b) para o fabrico das pastilhas individuais.

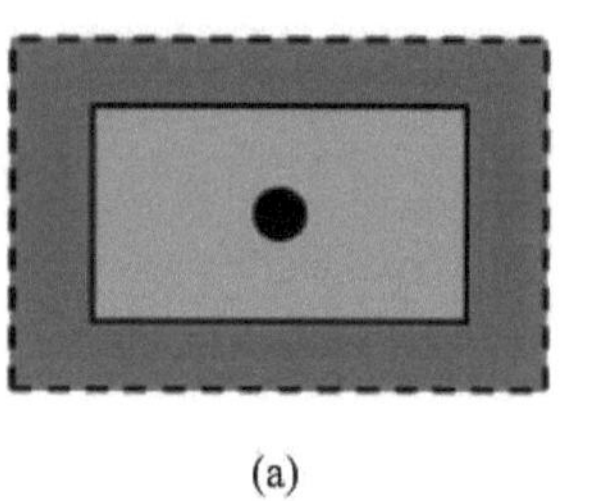
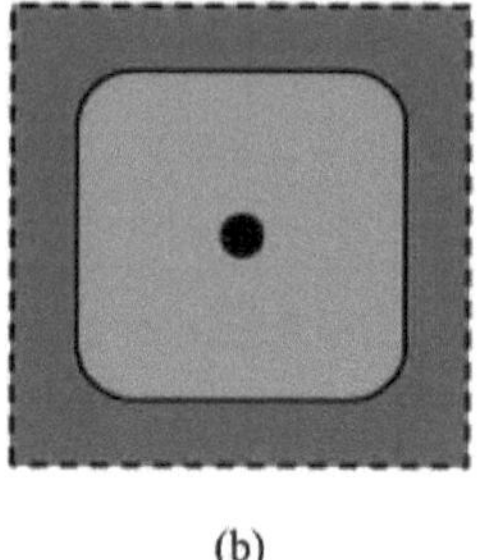

(a)                   (b)

***Figura 2.5: MDR de furo único com pastilhas (a) rectangulares e (b) quadradas.***

A camada superior do elétrodo de Ni foi inicialmente concebida numa forma retangular (a). Mas depois decidimos fazer cantos arredondados para evitar a ignição preferencial nesses locais. Estes dispositivos foram concebidos para estudar as microdescargas individualmente, sem qualquer efeito das cavidades vizinhas. Note-se que as figuras com as configurações dos reactores MDR são apresentadas nesta secção sem respeitar a escala dimensional exacta das amostras reais.

### 2.3.4 *Matriz de orifícios múltiplos*

Foram concebidos arranjos de matrizes com diferentes diâmetros de orifício (D) de 25, 50, 100 e 150 μm. Foram concebidos 3 conjuntos de matrizes com 1024 orifícios (matrizes 32 x 32) com diâmetros de 50, 100 e 150 μm, separados por uma distância de 150 μm entre orifícios. A disposição desta estrutura é mostrada na figura 2.6 (a). A distância entre os bordos do elétrodo de Ni e a primeira linha de orifícios depende do diâmetro da cavidade. Foi de 3,9 mm para as matrizes de orifícios de 50 μm de diâmetro, 3,12 mm para a matriz de orifícios de 100 μm e 2,35 mm para a matriz de orifícios de 150 μm. Foi concebido outro conjunto de matrizes com disposições de orifícios numa matriz 16 x16 ou 256 orifícios. A estrutura desta matriz é mostrada na figura 2.6 (b). Esta matriz foi concebida para dois diâmetros de orifício de cavidade (D) 25 e 150 μm com elétrodo de Ni de canto arredondado e forma quadrada. As distâncias entre furos, de bordo a bordo, foram de 475 e 450 μm para as matrizes de furos de 25 e 150 μm, respetivamente. As distâncias dos bordos do elétrodo de Ni eram de cerca de 3,25 mm e 2,40 mm para as matrizes de orifícios de 25 e 150 μm, respetivamente. Estas matrizes foram concebidas para estudar o efeito da pressão do gás nas matrizes com diferentes diâmetros de cavidade.

Foram concebidas duas matrizes com 150 μm de diâmetro de cavidade com 16 orifícios (matriz 4 x 4) com duas separações entre orifícios muito diferentes de 2800 μm (figura 2.6 (c), matriz de grande distância) e 200 μm (figura 2.6 (d), matriz de curta distância), respetivamente. Estas matrizes estavam a 2,5 mm e 6,4 mm de distância da extremidade do elétrodo de Ni. Estas matrizes foram concebidas basicamente para observar os efeitos de um MDR sobre os MDRs próximos durante o funcionamento do plasma.

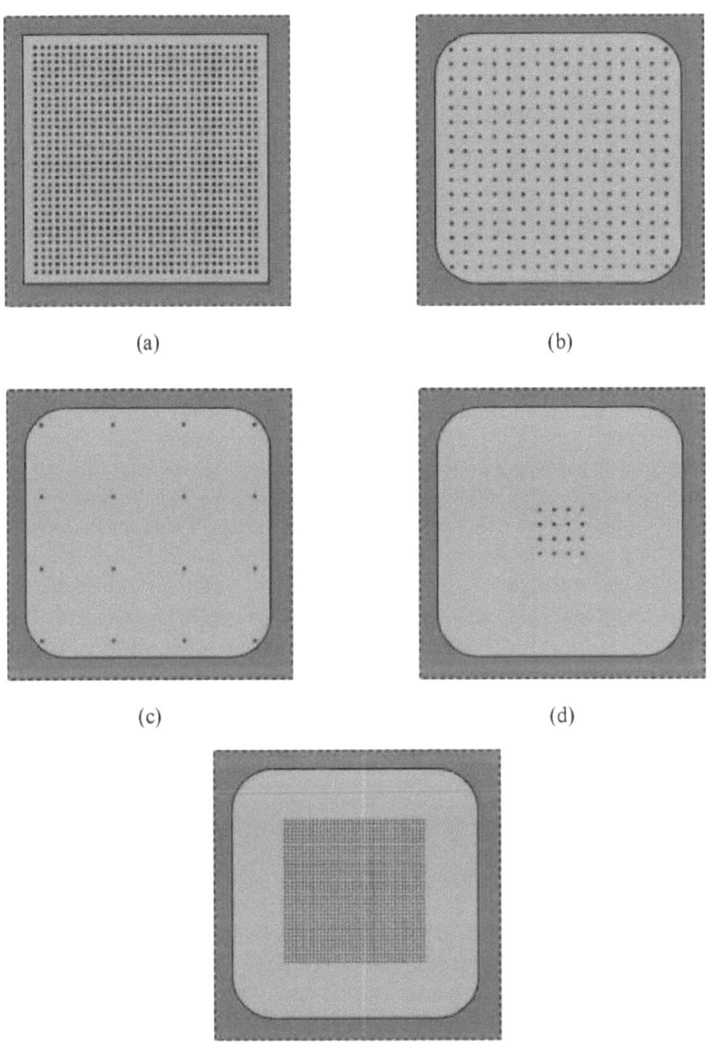

*Figura 2.6: Matrizes MDR com diferentes disposições (a) 1024 (32 x 32) matrizes de orifícios (D entre 50 e 150 µm), (b) 256 (16 x 16) matrizes de orifícios (para D = 25 e 150 µm), (c) 16 (4 x 4) matrizes de grande distância de orifícios para D = 150 µm, (d) 16 (4 x 4) matrizes de curta distância de orifícios para D = 150 µm e, (e) 1600 (40 x 40) matrizes de orifícios (para D = 50 e 100 µm).*

Foram concebidos conjuntos de matrizes 40 x 40 ou matrizes de 1600 orifícios para diferentes diâmetros de cavidade de 50 e 100 μm. A disposição das cavidades para este tipo de matriz é mostrada na figura 2.6 (e). As distâncias entre cavidades lado a lado para as matrizes de 50 e 100 μm de diâmetro de cavidade foram de 50 e 100 μm, respetivamente.

Estas matrizes foram concebidas para estudar o efeito das cavidades vizinhas na dinâmica de ignição das matrizes. Estes tipos de matrizes foram especialmente fabricados para as experiências efectuadas no RUB, Bochum (Alemanha) em regime AC.

### 2.3.5 MDRs com desenhos especiais

Nesta parte, apresentamos algumas concepções especiais dedicadas a investigar diferentes fenómenos físicos, dependendo da conceção do MDR e da configuração da cavidade.

#### 2.3.5.1 Matriz mista de furos

Foram fabricadas num chip quatro sub-matrizes diferentes com diâmetros de 25, 50, 100 e 150 μm. A Figura 2.7 (a) mostra a disposição da estrutura dos eléctrodos para esta matriz. Cada uma das quatro sub-matrizes tem 256 (16 x 16) cavidades. Cada subconjunto foi colocado a uma distância de 2,5 mm do bordo lateral do elétrodo de Ni. A distância inter-furos lado a lado para cada matriz foi de 150 μm. Estas sub-matrizes foram criadas por diferentes razões. Em primeiro lugar, o fabrico dos nossos dispositivos é bastante complexo e necessita de muitas etapas de processo diferentes, sendo por vezes difícil reproduzir exatamente uma amostra específica. Ao fabricar esta pastilha de sub-matriz, certificamo-nos de que temos os mesmos passos de fabrico para todas elas e podemos realmente comparar o seu funcionamento com diferentes parâmetros. Em segundo lugar, estas pastilhas de sub-grupo são bastante úteis para estudar as descargas em função da pressão, da corrente de descarga e do diâmetro da cavidade. Podemos ver diretamente qual é o sub-array com maior probabilidade de se inflamar.

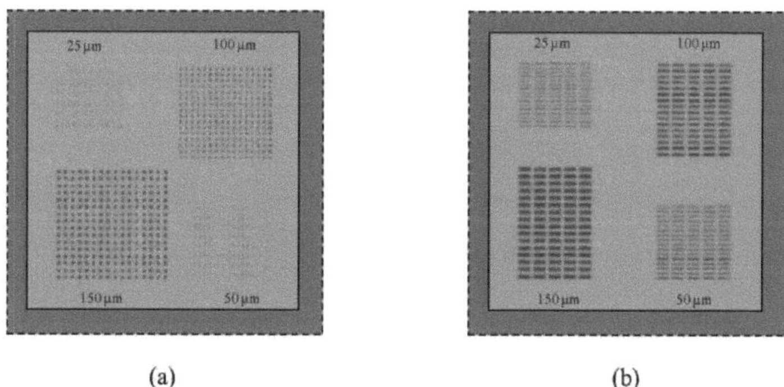


*Figura 2.7: Disposição da estrutura dos eléctrodos para (a) orifícios mistos e (b) matrizes de trincheiras mistas.*

### 2.3.5.2 Matriz mista de trincheiras

Utilizando o conceito semelhante ao dos sub-matrizes de orifícios mistos, foram concebidos sub-matrizes de trincheiras mistas. São constituídos por 80 (16 x 5) trincheiras com um comprimento de trincheira de 500 µm e diferentes larguras de trincheira de 25, 50, 100, 150 µm. A Figura 2.7 (b) mostra a disposição da estrutura para este tipo de microdispositivo. As trincheiras de cada sub-array foram colocadas a uma distância de 150 µm de borda a borda com as cavidades das trincheiras vizinhas. Estas matrizes foram concebidas para observar o efeito de cavidades mais largas na ignição de microdescargas e para estudar o efeito da variação de diferentes parâmetros experimentais (por exemplo, pressão), mantendo as sub-matrizes nas mesmas condições físicas. Foram também utilizados para o funcionamento em corrente alternada, como será apresentado no capítulo 5.

### 2.3.5.3 Matrizes de orifícios mistos com acrónimos

Foram concebidas duas matrizes com três diâmetros diferentes de orifícios mistos, representando os acrónimos de GREMI (Groupe de Recherches sur l'Energetique des Milieux Ionises), CNRS (Centre National de la Recherche Scientifique) e ANR (Agence Nationale de la Recherche). São constituídos por três sub-matrizes de orifícios separados com um diâmetro de 150, 100 e 50 µm, respetivamente. A figura 2.8 mostra a disposição das cavidades para estas sub-matrizes numa pastilha. Como mostra a figura 2.8

(a), a matriz foi concebida separando as três sub-matrizes acrónimas. A segunda matriz (mostrada na figura 2.8 (b)) foi concebida misturando as três sub-matrizes umas sobre as outras. Note-se que esta sobreposição foi efectuada sem fundir os orifícios das sub-matrizes.

A ideia principal por detrás destes projectos era ver o comportamento dos diferentes sub-matrizes com a variação da pressão do gás. Para uma dada pressão, se apenas um tipo de microdescargas se inflamasse preferencialmente, observaríamos apenas o GREMI, por exemplo, e mudaríamos para o CNRS ou o ANR alterando a pressão. O efeito da proximidade, devido às cavidades vizinhas, poderia ser estudado com estas matrizes.

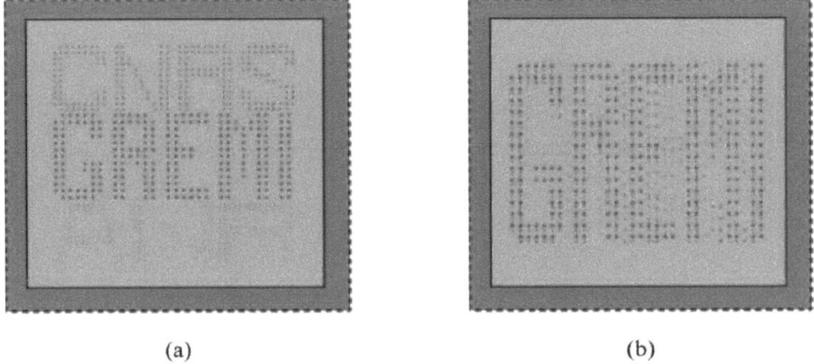

(a)        (b)

*Figura 2.8: Disposições da estrutura de eléctrodos para matrizes de orifícios mistas com acrónimo de GREMI, CNRS e ANR.*

### 2.3.5.4   Anéis concêntricos MDR

Foram concebidas 196 (14x14) microdescargas, constituídas por anéis concêntricos, numa matriz. A disposição estrutural desta matriz é apresentada na figura 2.9 (a). Neste projeto, cada cavidade foi concebida utilizando três círculos concêntricos com um diâmetro de 50, 100 e 150 µm. Cada círculo interior tinha limites de circunferência com 8 µm de espessura. A Figura 2.9 (b) é um zoom de uma cavidade MDR da matriz.

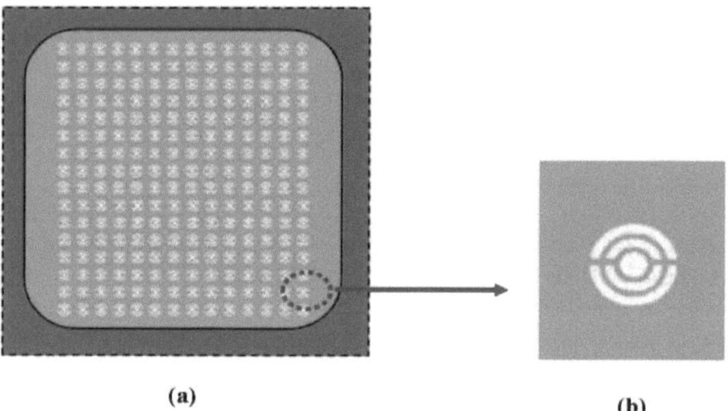

(a)

(b)

***Figura 2.9: (a) Projeto da matriz de 196 (14x14) anéis concêntricos, (b) parte ampliada dos orifícios mistos MDRs e matrizes concêntricas (marcados com um círculo vermelho).***

Estas matrizes foram concebidas para provocar descargas numa gama mais vasta de pressões. Uma vez que estão presentes nesta estrutura diferentes dimensões caraterísticas, poder-se-ia pensar que algumas partes da microestrutura deveriam atacar a diferentes pressões. Os pormenores dos estudos experimentais são apresentados no capítulo 4.

### 2.3.5.5 MDR com uma vala longa

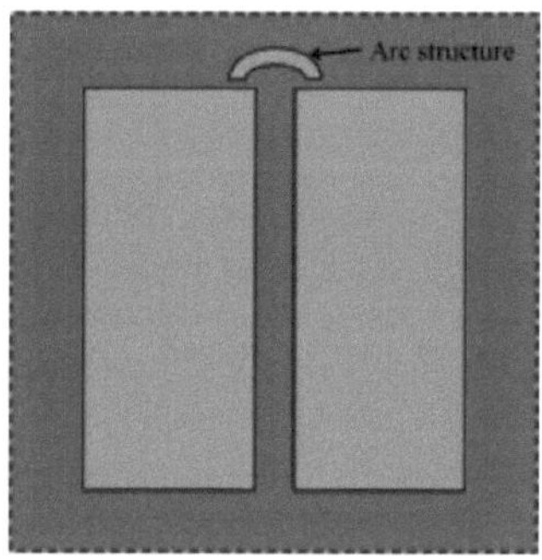


***Figura 2.10: Configuração da estrutura da vala longa MDR***

Foi projetado um dispositivo de microdescarga com uma trincheira longa, como se mostra na figura 2.10. Foram desenhados dois rectângulos de Ni independentes, separados por uma distância de 100 μm, criando uma cavidade longa em forma de trincheira com dimensões de 100 μm x 10 mm. Cada retângulo tinha 6 mm de largura. Esta cavidade em forma de trincheira tinha acesso livre por um dos lados.

## 2.4  Processo de fabrico de MDRs à base de silício

Uma das questões muito importantes deste projeto foi a conceção e o fabrico dos microrreactores em colaboração com instalações de sala limpa. Utilizando as tecnologias de fabrico de salas limpas, é possível criar reactores de microdescarga em quantidades economicamente viáveis. Como mencionado no primeiro capítulo, a equipa de G. Eden mostrou pela primeira vez a possibilidade de criar microdescargas utilizando substratos de Si *[Fra-97, Bec-06, Ede-03]*. Os nossos reactores de microdescargas foram fabricados com tecnologias de fabrico compatíveis com CMOS, utilizando duas salas limpas, como se explica na secção seguinte. Foram necessárias mais de 20 etapas do processo para o fabrico de uma bolacha contendo 16 chips de MDRs. O fluxograma do processo apresentado a seguir mostra a sequência dos principais processos seguidos durante o fabrico dos MDR.

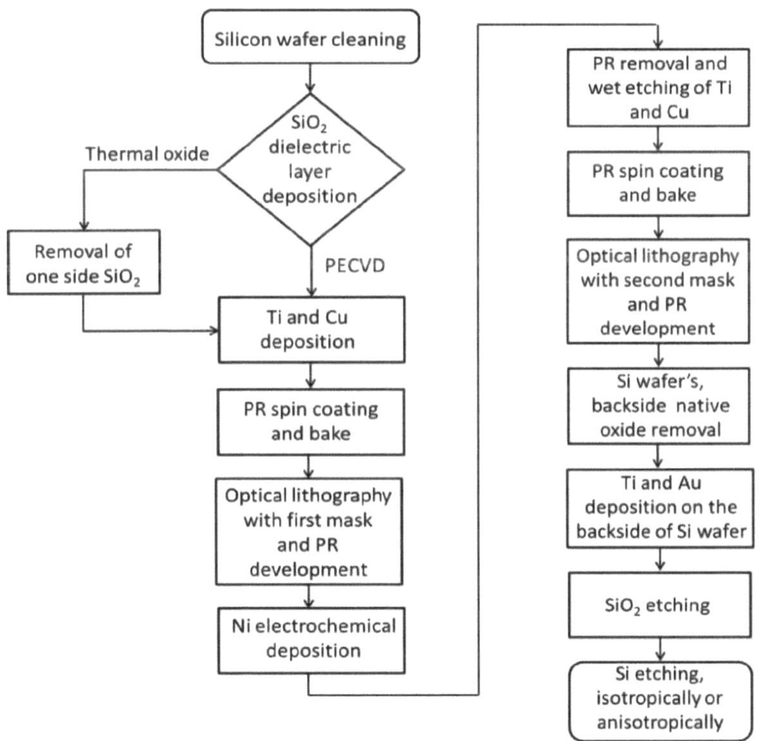

A primeira parte do fabrico dos dispositivos de microdescarga foi efectuada nas salas limpas do IEF-CTU (MINERVE, Orsay, França) com salas limpas de classe 10, 000 e 1000. A outra parte foi feita na sala limpa do CERTeM (Centre d'Etude et de Recherches Technologiques en Microelectronique) em Tours, França, com uma sala limpa de classe 1000.

### 2.4.1 Apresentação do fluxo do processo

#### 2.4.1.1 Limpeza de pastilhas de Si

Trata-se de uma das primeiras e muito importantes etapas da tecnologia de fabrico de dispositivos à escala micrométrica. Pequenas partículas de poeira, impurezas metálicas, impurezas orgânicas e óxido nativo remanescente na bolacha de Si podem causar problemas como a destruição de dispositivos micrométricos ou o mau funcionamento dos dispositivos. Para evitar estes problemas, as bolachas de Si foram primeiro limpas utilizando um processo RCA normalizado *[Kem-93]*. Entre as diferentes etapas de fabrico, era necessário limpar a bolacha de vez em quando. O chamado processo de limpeza Piranha foi utilizado para esses passos de limpeza adicionais.

**Processo de limpeza**

O processo de limpeza normal é composto pelas seguintes etapas.

A primeira etapa é utilizada para remover os componentes orgânicos da superfície da bolacha. Em primeiro lugar, a bolacha é mergulhada numa solução de tricloroetileno a 80 °C durante 3 minutos. Em seguida, a bolacha é colocada no copo que contém acetona com um banho de ultra-sons. Em seguida, a bolacha é imersa em água desionizada durante 3 minutos.

A bolacha é mergulhada numa solução BHF (tampão hidrofluorídrico) durante 30 segundos para remover o óxido nativo da bolacha.

A segunda etapa consiste em eliminar as impurezas metálicas. As partículas metálicas são primeiro apanhadas por oxidação: a bolacha é colocada numa solução que contém $H2SO4$ misturado com $H2O2$ (rácio 3/4-1/4) durante 3 minutos. Esta mistura é designada por solução Piranha e oxida a superfície da bolacha. Trata-se de uma reação exotérmica, o que acelera o mecanismo de oxidação. Em seguida, as partículas metálicas retidas na camada de óxido são removidas da superfície da bolacha por BHF. De seguida, a bolacha é lavada com água desionizada durante 3 minutos.

#### 2.4.1.2 Deposição de camada dieléctrica

Após o processo de limpeza, foi criada uma fina camada de óxido térmico (~100 nm) em oxigénio ambiente puro em ambos os lados da bolacha de Si a 1150 °C. A película de óxido térmico forma uma proteção eficaz para a bolacha de Si, que permanece livre de impurezas. O tempo total necessário para o processo foi de cerca de 3 horas.

De seguida, foi depositada uma camada de $SiO2$ com 6 µm de espessura utilizando o processo de deposição de vapor químico com plasma (PECVD). O processo de deposição PECVD permite obter uma camada de SiO2 espessa, altamente uniforme e de boa qualidade num curto espaço de tempo. O SiH4 e o N2O foram utilizados como gases precursores num plasma acoplado à capacidade de RF. O químico SiH4 é pirofórico; a formação de SiO2 ocorre apenas através da sua exposição ao oxigénio. A reação fundamental é dada por:

$$SiH_4 + O_2 \quad \overrightarrow{N_2O} \quad SiO_2 + 2H_2 \uparrow \qquad\qquad (2.1)$$

Com a bolacha a cerca de 300°C, forma-se uma película amorfa de SiO2 que é utilizada como dielétrico interelectrodos. Nestas reacções, é importante minimizar o H2 residual na película e obter uma película com propriedades eléctricas adequadas. Foi utilizado um método de deposição PECVD de baixa frequência (380 kHz) para a deposição da camada de SiO2 (Figura 2.11) utilizando o sistema PECVD STS. Foram utilizados diferentes gases SiH4, N2O e N2 com um caudal de 12 sccm, 1420 sccm e 392 sccm, respetivamente. Foi utilizada uma potência de 60 W com baixa frequência. A temperatura do chuveiro foi mantida a 300 °C. Foi depositada uma camada de SiO2 de 6 µm em 90 minutos. Esta camada de SiO2 foi utilizada como camada dieléctrica que separa os dois eléctrodos na produção de microdescargas.

*Figura 2.11: Vista em corte transversal de um substrato de silício com uma camada de SiO2 de 6µm de espessura.*

**Variante do processo**

Foram também utilizadas bolachas de Si com uma camada de SiO2 térmico de 6 µm de espessura em ambos os lados para verificar se o óxido térmico era um dielétrico mais eficiente do que o SiO2 PECVD. Estas bolachas foram produzidas pela empresa Vegatech, sediada em França. O processo de aplicação de uma camada espessa de SiO2 térmico dura 72 horas, mas é possível tratar 100 bolachas de uma só vez. Antes de utilizar estas bolachas para as etapas seguintes do processamento, era necessário remover uma das camadas laterais de SiO2. O primeiro método consistiu na utilização de HF (com uma concentração de 50 %). Uma camada espessa de fotorresiste (PR) (AZ4562) foi revestida num dos lados da bolacha. De seguida, a bolacha foi mergulhada na solução de HF durante 5 minutos para remover a camada de SiO2 com 6 µm de espessura. No entanto, os resultados obtidos por este processo não foram satisfatórios. O HF altamente concentrado foi capaz de penetrar através do revestimento de PR e criar buracos micrométricos no SiO2 do outro lado da bolacha. Estes buracos causaram alguns problemas de fuga de corrente nos nossos dispositivos. O segundo método, sugerido por L.J. Overzet, consistia em aplicar uma camada de primário para aumentar a aderência. Em seguida, um PR AZ4562 espesso foi revestido por centrifugação e cozido numa placa quente durante 15 minutos a 90 °C. Em seguida, a bolacha foi imersa numa solução de BHF durante cerca de 75 a 80 minutos. Este processo de remoção de SiO2 funcionou bem e deu resultados satisfatórios.

### 2.4.1.3   Sputtering e fotolitografia

**Sputtering**

Foram depositadas películas finas de titânio (30 nm) e cobre (100 nm) na camada de SiO2 utilizando um processo de pulverização catódica por magnetrão. A primeira foi utilizada para criar uma camada de semente. A camada de Cu foi utilizada para tornar a superfície condutora, a fim de fazer crescer o elétrodo de níquel (Ni) pelo processo de eletrodeposição (Figura 2.12 (a)). Foi utilizado um sistema de pulverização catódica por magnetrão da empresa "Denton Vacuum Sputtering Systems". A pulverização catódica é um processo de vácuo que é frequentemente utilizado para depositar películas finas de metal em diferentes substratos. Durante a pulverização catódica, os iões de Ar atingem a placa alvo com polarização negativa a alta energia. Estas colisões provocam a pulverização de átomos do alvo que se depositam no substrato.

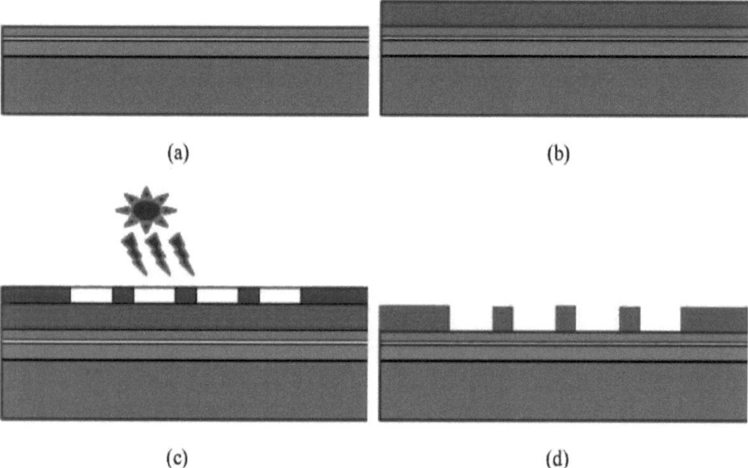


*Figura 2.12: Etapas de fabrico do MDR para (a) deposição de Ti e Cu, (b) revestimento por rotação de PR, (c) litografia ótica e (d) desenvolvimento de PR.*

**1ª etapa da litografia**

Em seguida, foi realizada uma etapa de litografia ótica para definir os padrões dos eléctrodos superiores da microdescarga. Neste passo, utilizámos um fotoresistente (PR) positivo espesso (AZ4562, Micro Chemicals). Este PR foi selecionado porque nos permitiu desenvolver uma camada espessa de níquel (tipicamente 8-10 µm de espessura) para formar os eléctrodos superiores. Este PR foi primeiro revestido por centrifugação à velocidade de 2000 rµm (rotação por minuto) durante 30 segundos (Figura 2.12 (b)). O PR foi depois cozido durante uma hora numa placa de aquecimento a 90 graus, utilizando uma rampa de 20 °C a 90 °C em 5 minutos. Após a cozedura, a bolacha foi mantida durante 3 horas em ambiente de ar ambiente. Este passo foi utilizado para dessorver o ligante orgânico do PR. Este passo foi necessário para libertar alguma humidade e alterar quimicamente o PR, de modo a estar pronto para a fase de litografia ótica. Este passo também foi importante para obter paredes espessas uniformes e verticais do PR após a irradiação UV e o desenvolvimento. Utilizando a máscara que contém os desenhos MDR num substrato de vidro de 5 polegadas (Figura 2.12 (c)); a etapa de litografia ótica foi então efectuada utilizando um alinhador de dupla face. Foi utilizado o sistema de alinhamento automático de máscaras EVG620NT. Este sistema de litografia pode lidar com tamanhos de substratos a partir de menos de 5 mm até 150 mm e pode fornecer precisões de alinhamento até 0,1 μm. Utilizámos a linha UV intensa da lâmpada de mercúrio que emite um comprimento de onda de 365 nm com uma dose de 200 mJ/cm$^2$. Com este tipo de lâmpada UV, é possível obter padrões litográficos até alguns 100s de nm. Em seguida, a bolacha foi revelada com um revelador AZ400k 1:4 [Figura 2.12 (d)]. Este PR pode fornecer padrões de paredes verticais rectas com uma espessura de 8 a 10 μm.

### 2.4.1.4 Top Ni - modelação do elétrodo

Foi realizado um passo de plasma de oxigénio após o passo de desenvolvimento de PR. Foi utilizado um reator de plasma com acoplamento capacitivo que funciona a 13,56 MHz. A potência máxima foi de 300 W. Este sistema foi capaz de trabalhar numa gama de pressões de 0,2 mbar a 2 mbar. O plasma de oxigénio foi gerado a 80 W a 600-800 mbar durante 30 segundos. Este passo permitiu limpar e abrir as estruturas desenvolvidas de PR.

O passo seguinte foi depositar Ni para os eléctrodos superiores (Figura 2.13). Para os MDRs que funcionam em corrente contínua, a espessura dos eléctrodos de Ni era tipicamente de 7 μm. Para os MDRs que funcionam em AC, foi utilizada uma espessura de níquel de cerca de 1 μm.

*Figura 2.13: Etapa de fabrico com deposição eletroquímica dos eléctrodos de Ni superiores.*

Devido à grande espessura da camada de Ni, a deposição eletroquímica foi preferida à pulverização catódica para esta etapa. Para o processo de deposição eletroquímica de Ni, utilizámos a placa metálica de Ni como ânodo e a pastilha de silício como cátodo. Estas foram imersas num banho de Watts contendo uma solução composta por NiSO4, 6H2O: 0,75 mol/l + NiCl$_2$, 6H2O: 0,02 mol/l + H3BO3: 0,4 mol/l + Sacarina: 0,016 mol/l *[Sch-00a]*. Esta solução de Watts actuou como eletrólito. Esta solução continha o sal do metal a depositar, como mostra a composição da solução. Depois de colocar a fonte/anodo (placa de Ni) e o alvo/cátodo (pastilha de Si) dentro do eletrólito, circulou entre os eléctrodos uma corrente contínua de 0,3 A. Sob a corrente aplicada, os átomos do metal anódico dissolvem-se na solução. Os iões metálicos da solução têm uma carga positiva e são atraídos para o alvo. Quando atingem o alvo carregado negativamente, os electrões são fornecidos para reduzir os iões carregados positivamente, de modo a que estes "plaquem" no cátodo/alvo. A taxa de deposição de Ni foi de 0,2 μm/min durante o nosso processo.

### 2.4.1.5  Formação de contacto do lado de trás e proteção do lado de cima

Em seguida, a primeira camada de PR foi removida. Este passo foi efectuado mergulhando a bolacha numa solução de acetona durante alguns minutos. De seguida, foi lavada com isopropanol e água desionizada. Em seguida, a pastilha foi seca com N2.

As restantes camadas de Cu e Ti, que foram cobertas por PR durante o processo de eletrodeposição, foram gravadas por via húmida utilizando uma solução de corrosão de cobre (BTP) e HF tamponado (BHF), respetivamente (Figura 2.14 (a)).

Foi efectuada uma segunda etapa de litografia ótica com o mesmo tipo de PR (AZ4562) utilizado anteriormente, com a segunda máscara (Figura 2.14 (b)). Esta máscara foi concebida de modo a proteger a região de SiO2 em torno da periferia da camada de Ni, como se mostra na figura 2.14 (c). Este SiO2 alargado é importante para reduzir o risco de arcos transitórios entre o níquel e o silício na extremidade do elétrodo de níquel durante a operação de MDR.

Finalmente, foi realizado um passo de gravura húmida com BHF para remover a camada de óxido térmico de 100 nm de espessura depositada na parte de trás da bolacha. Para criar um contacto óhmico na parte de trás da bolacha, Ti (30 nm) e Au (200 nm) foram depositados por pulverização catódica (Figura 2.14 (d) e Figura 2.15).

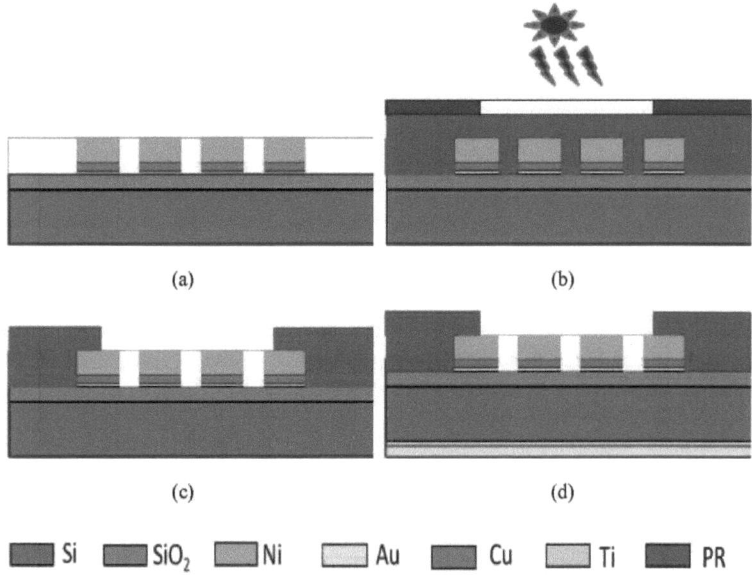



*Figura 2.14: Etapas de fabrico de reactores de microdescarga para (a) gravação húmida da camada de Cu e Ti, (b) litografia ótica de segunda máscara, (c) desenvolvimento de PR e (d) contacto óhmico do lado posterior com as camadas de Ti e Au.*

*Figura 2.15: Fotografias da bolacha após a deposição das camadas
de Ti e Au na face posterior.*

### 2.4.1.6 Gravura de cavidades

O último passo foi a gravação de SiO2 e silício para formar as cavidades de microdescarga. A camada de SiO2 foi gravada anisotropicamente utilizando um reator "Corial 200 IL" (Figura 2.16).

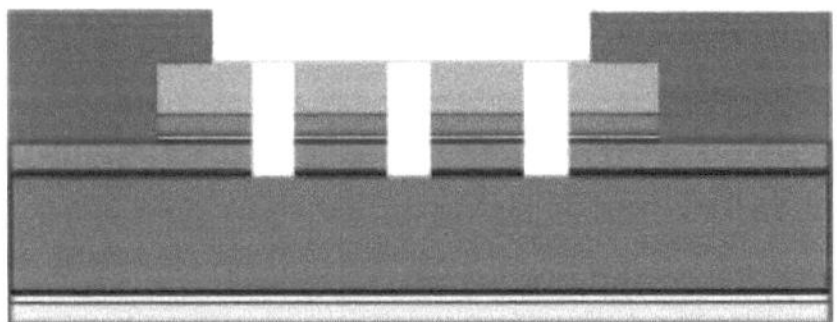

*Figura 2.16: Etapa de gravura da camada de SiO2.*

Este reator permite gerar plasma indutivamente acoplado (ICP) de grande área utilizando uma fonte de alimentação RF de 2 MHz. O plasma está contido numa câmara que está rodeada por uma bobina indutiva. Um campo magnético alternado é induzido pelas bobinas de RF situadas em frente do transdutor de RF, o que produz um movimento azimutal dos electrões e um plasma de alta densidade.

As bolachas de quatro polegadas de diâmetro podem ser fixadas mecanicamente ao mandril e polarizadas independentemente utilizando uma fonte de alimentação de 13,56 MHz. Neste processo, foi utilizada uma potência de carga RF de 240 W. O mandril foi também regulado termicamente a uma temperatura de 5 °C utilizando um refrigerador. A nossa equipa do GREMI concebeu um processo de gravura de "baixo dano" para evitar o descolamento da camada de Ni. Os gases CHF3 e C2H4 foram injetados na câmara com um fluxo de 30 sccm e 3 sccm, respetivamente. A velocidade de gravação foi de 220 nm/min. Esta etapa foi efectuada na sala limpa do CERTeM em Tours, França. A figura 2.17 apresenta uma imagem SEM da cavidade obtida após este ataque de SiO2.

Uma vez gravado o óxido, podem ser produzidas duas geometrias diferentes de cavidades de silício: cavidades gravadas isotropicamente e cavidades gravadas anisotropicamente. O condicionamento do Si foi efectuado no laboratório GREMI (Orleães, França) utilizando uma ferramenta de condicionamento Alcatel A601 Etcher. Este reator é dedicado ao condicionamento iónico reativo profundo (DRIE) do silício.

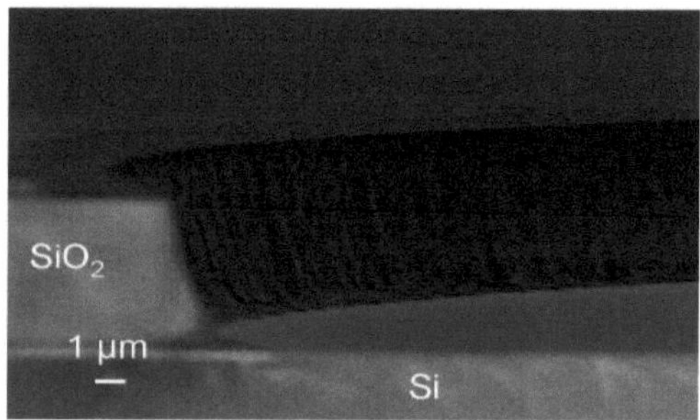


*Figura 2.17: Cavidade MDR após gravação com SiO2.*

O sistema consiste num conjunto de bloqueio de carga em vácuo para bolachas, ligado à câmara de processamento. A câmara de processamento está equipada com uma fonte de plasma de alta densidade do tipo ICP com um suporte de substrato com controlo de temperatura e alimentado por RF. As linhas de gás instaladas com controladores de fluxo de massa permitem o fornecimento e a regulação dos gases de processo no interior do reator. As bombas de vácuo de elevado desempenho estão ligadas ao bloco de carga, bem como ao módulo de processo para evacuação e para bombear gases reactivos e subprodutos. Tem o mesmo princípio de funcionamento do ICP, tal como explicado acima, exceto que ambas as fontes de alimentação RF funcionam a 13,56 MHz. Note-se que o sistema Alcatel A601 Etcher é capaz de gravar cavidades de Si anisotrópicas profundas devido à presença de um sistema de arrefecimento do mandril, que pode fornecer a temperatura de gravação necessária à pastilha de Si até - 120 °C.

Para criar cavidades gravadas isotropicamente, (Figura 2.18 (a) e Figura 2.19 (a)) foi utilizado um plasma SF6. Este ataque foi efectuado com uma potência de 1500 W e com uma polarização de 100 V do mandril a uma pressão de 9 Pascal a 10 °C. Foi mantido um caudal de gás de 350 sccm para o SF6.

(a)           (b)

*Figura 2.18: Gravação de cavidades de Si (a) isotropicamente e (b) anisotropicamente.*

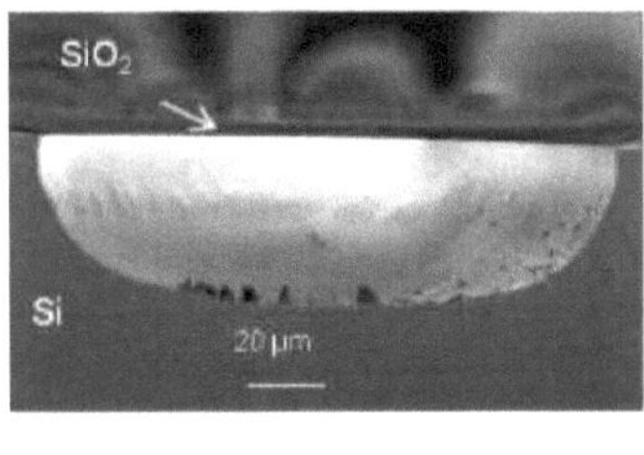 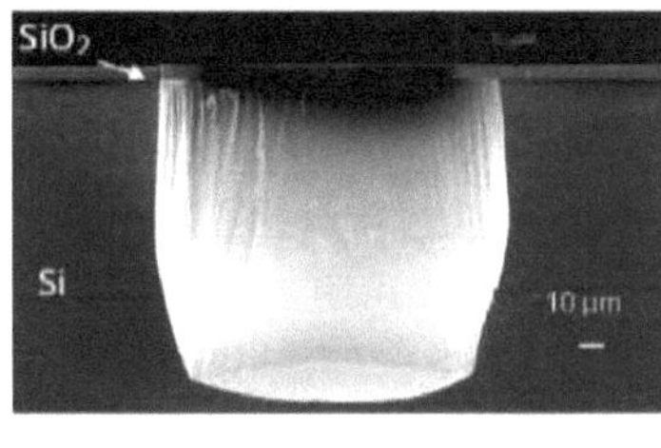

(a)                    (b)

***Figura 2.19: (a) Cavidades gravadas isotropicamente e (b) anisotropicamente. A película do ânodo de níquel soltou-se quando a amostra foi cortada para o caso anisotrópico.***

Para formar cavidades gravadas anisotropicamente (Figura 2.18 (b) e Figura 2.19 (b)), utilizámos o chamado processo STiGer. O processo STiGer foi desenvolvido pela nossa equipa no GREMI *[Til-08]*. É um processo criogénico que consiste na alternância de passos de gravação isotrópica de plasmas de SF6 com passos de deposição em plasmas de SiF4/O2. Neste processo, o plasma SF6 é utilizado para gravar o silício, durante alguns segundos. De seguida, o plasma SiF4/O2 é utilizado durante alguns segundos para criar uma camada de passivação nas paredes laterais das cavidades gravadas. Devido à baixa temperatura do substrato ~ -110 °C, o plasma de SiF4/O2 é capaz de depositar uma camada protetora (camada de passivação) nas paredes laterais da cavidade. Esta camada protetora permite gravar o Si na direção vertical e criar uma cavidade anisotrópica profunda. Para este processo de corrosão, foi demonstrado que não restava praticamente nenhuma camada de passivação na estrutura após um processo de corrosão criogénica *[Dus-04]*.

### 2.4.1.7 Modificação do fluxo do processo para os RDM que funcionam em regime AC

As etapas de fabrico descritas na última subsecção foram utilizadas para reactores de microdescarga que funcionam em regime DC. Para poder utilizar reactores em regime AC, foram realizadas mais algumas etapas de fabrico.

#### *Deposição da camada de nitreto de silício*

Como explicado no primeiro capítulo, os eléctrodos têm de ser cobertos por uma camada dieléctrica em funcionamento em corrente alternada e formar uma estrutura semelhante a um DBD. O material Si3N4 (nitreto de silício) parece ser um bom candidato, como demonstrado por G. Eden e a sua equipa *[Ede-05a]*. Por isso, decidimos utilizar o Si3N4 como camada dieléctrica para cobrir os eléctrodos.

Antes de depositar o Si3N4 na amostra, o PR remanescente tem de ser removido. O plasma de oxigénio produzido no reator Corial 200 IL é utilizado para gravar o PR remanescente e limpar os eléctrodos de Ni superiores. Para o ataque do PR, é mantida uma temperatura baixa de cerca de 5 °C para evitar queimar o PR remanescente e manter a camada de níquel presa.

Após a gravação PR, é realizada uma PECVD de baixa frequência a cerca de 300 °C para a deposição de uma camada de Si3N4 com 2 μm de espessura no elétrodo superior de Ni e no interior das cavidades. A taxa de deposição é de cerca de 30 nm por minuto. Também modificámos a duração do processo de crescimento do elétrodo de Ni superior, de modo a criar uma camada de 1 μm de espessura.

Foi utilizado um método de deposição PECVD de baixa frequência (380 kHz) para a deposição da camada dieléctrica de Si3N4. Foram utilizados diferentes gases siH4, NH3 e N2 com um fluxo de 22,5 sccm, 10 sccm e 1071 sccm, respetivamente. Foi utilizada uma potência de 60 W com a frequência baixa. A temperatura do chuveiro foi mantida a 300 °C. A taxa de deposição de Si3N4 foi de 100 nm/min.

A figura 2.20 (a) apresenta um esquema da disposição dos MDR utilizados nas experiências de CA. Uma imagem SEM de um MDR clivado é também apresentada na figura 2.20 (b). O elétrodo superior de Ni não aparece na imagem SEM, mas vê-se claramente a camada vertical de Si3N4 que foi depositada na parede lateral de Ni e sobreviveu à clivagem.

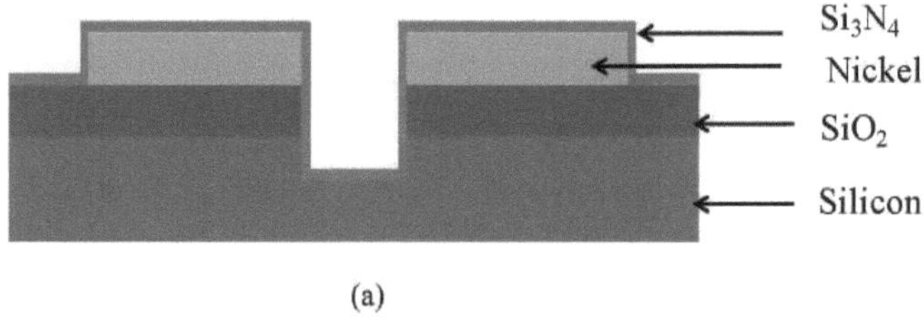


(a)

(b)

*Figura 2.20: (a) Configuração da cavidade dos MDRs para o regime AC e (b) Imagem SEM mostrando diferentes camadas de um MDR após clivagem sem elétrodo de Ni.*

## 2.5 Desafios no processo de fabrico e soluções

Nesta secção, são explicadas algumas das principais dificuldades encontradas durante os processos de fabrico. São também sugeridas e descritas algumas soluções para ultrapassar essas dificuldades.

### 2.5.1 Problema de adesão do elétrodo de Ni superior

Durante o fabrico das primeiras bolachas, verificou-se por vezes que o elétrodo superior de Ni podia descolar durante os passos de ataque com SiO2. A figura 2.21 apresenta um exemplo deste tipo.

Durante o processo de corrosão húmida das camadas de Ti e Cu, verificou-se que alguns restos de PR (devido ao subdesenvolvimento) criaram o descolamento dos eléctrodos de Ni. O problema do desprendimento dos eléctrodos de Ni também ocorreu durante o ataque a seco das cavidades de Si. Neste caso, concluiu-se que a espessura da camada adesiva de Ti (10 nm) não era suficiente para segurar o elétrodo de Ni superior durante o ataque de Si.

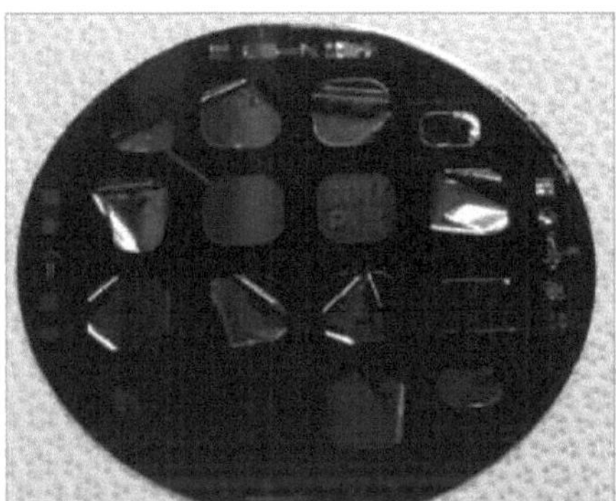

*Figura 2.21: Problemas de adesão do elétrodo de Ni.*

A solução para o descolamento do elétrodo de Ni foi encontrada utilizando um tempo de desenvolvimento de PR mais longo e aumentando a espessura da camada adesiva de Ti para uma espessura de 30 nm.

### 2.5.2 Cavidades sob gravação

Por vezes, ocorreu um problema com a camada de SiO2. A camada de SiO2 nem sempre foi uniformemente gravada, de modo que poderia aparecer algum efeito de micromasking na superfície. Outro problema foi a deposição de material orgânico fino no topo da superfície de Si após o ataque com SiO2. De facto, o processo de ataque com SiO2 é suposto formar uma camada de passivação feita de polímero nas paredes laterais verticais. Mas esta camada de polímero deposita-se preferencialmente sobre o silício e não sobre o SiO2. É também por este motivo que o Si é por vezes utilizado como máscara para o ataque com SiO2 *[Gab-01]*. Consequentemente, quando o processo de corrosão com SiO2 é demasiado longo, essa camada de polímero pode formar-se no silício e atuar como uma máscara durante o processo de corrosão do silício. A Figura 2.22 é um exemplo de um perfil que foi obtido após um problema deste género.

*Figura 2.22: Exemplo de corrosão não uniforme de cavidades de Si devido ao efeito de micromasking residual.*

Este problema foi resolvido limpando o reator utilizado para o ataque de SiO2 com plasma de oxigénio após o ataque de cada bolacha. Também durante o processo de gravação de Si, foi utilizada uma polarização no mandril do substrato do gravador DRIE, para obter espécies de plasma mais energéticas. Desta forma, a camada de polímero com poucos nm de espessura pode ser gravada e as cavidades de Si podem ser bem gravadas.

### 2.5.3 Descolamento da camada de ouro do verso

Por vezes, verificou-se que a camada de Au depositada na parte de trás da bolacha de Si não estava a aderir bem. O problema parece estar relacionado com a espessura da camada adesiva de Ti (~10 nm), que era provavelmente demasiado fina. Este problema também poderia ocorrer se restasse uma fina camada de óxido nativo ou de óxido térmico após a gravação húmida da bolacha de Si no lado posterior. A Figura 2.23 mostra alguns exemplos deste problema.

A solução para este problema consistiu em verificar claramente o ataque de óxido nativo ou térmico na bolacha de Si do lado posterior. Este processo de verificação incluiu a observação do comportamento da superfície do lado posterior do Si durante o enxaguamento com água desionizada. Devido à natureza hidrofóbica do Si, é mais fácil verificar o ataque da camada superior de SiO2. Se a água desionizada não permanecer na superfície do lado posterior durante o enxaguamento da pastilha de Si, pode presumir-se que a camada de SiO2 foi gravada. Outra solução sugerida consistia em aumentar a espessura da camada adesiva de Ti. Finalmente, utilizámos uma camada de titânio de 30 nm de espessura para reduzir o risco de descolamento da camada de Au.

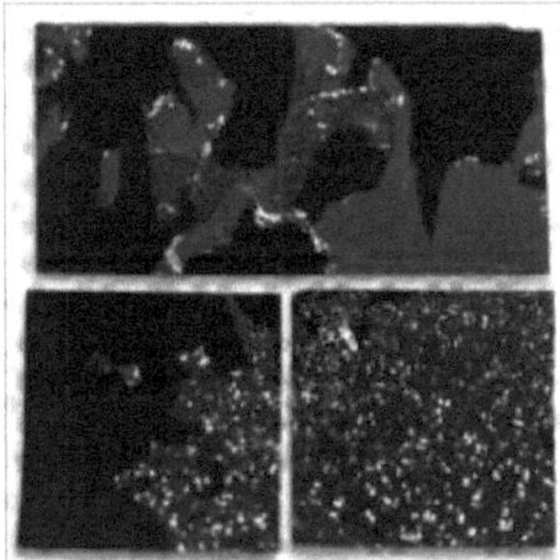

*Figura 2.23: Problema de descolamento da camada de ouro da face posterior.*

### 2.5.4 Deposição da camada de Si₃N₄

Como explicado anteriormente, foi depositada uma camada dieléctrica de SisN4 no topo do elétrodo de Ni para os MDRs operados em regime AC. Embora o processo de deposição tenha funcionado bem uma vez, não fomos capazes de reproduzir a experiência para obter uma camada uniforme de Si3N4 sem defeitos. Verificou-se que a camada de Si₃N4 depositada era facilmente quebrável ao toque ou porosa com orifícios de nível micrométrico. A figura 2.24 mostra alguns exemplos deste problema.

As primeiras experiências de deposição PECVD de SisN4 foram realizadas a uma temperatura bastante elevada (~ 400 °C), mas causaram uma grande tensão na camada de Ni, que se desprendeu imediatamente quando a bolacha foi arrefecida à temperatura ambiente.

(a)

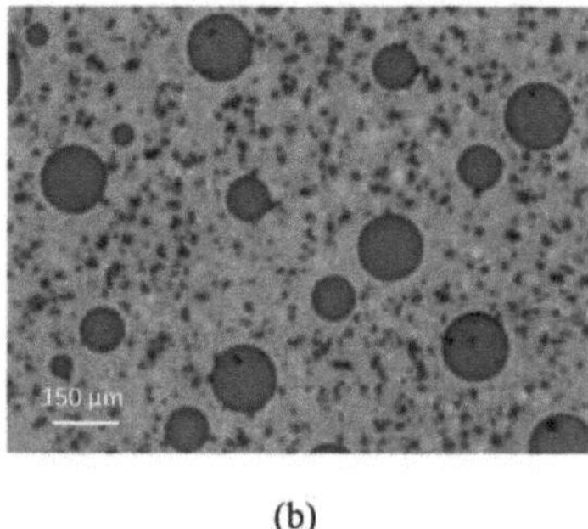

(b)

*Figura 2.24: Exemplos de problemas na deposição da camada de Si₃N₄; (a) imagens de duas matrizes MDR de 32 x 32 furos, com diâmetros de furos de 150 µm (esquerda) e 50 µm (direita); e (b) imagem do chip de sub-matrizes de furos mistos com diâmetros de furos de 150, 100 e 50 µm.*

A ocorrência deste tipo de problema pode também ser possível devido à sujidade das superfícies dos eléctrodos de Ni, causada pelo processo de oxidação por plasma PR etching. Recentemente, verificou-se que a camada de $Si_3N4$ estava a depositar-se bem em amostras, para as quais a camada de $SiO2$ não foi gravada. Assim, concluiu-se que o processo de ataque com $SiO2$ estava de alguma forma a modificar a superfície da bolacha e a causar problemas na deposição da camada de $Si_3N4$.

Assim, a maioria dos problemas foi ultrapassada. Atualmente, somos capazes de fabricar amostras bastante reprodutíveis, desde que o fluxo do processo seja seguido com cuidado e rigor. A melhoria dos diferentes processos de fabrico foi uma das partes principais deste estudo de doutoramento.

## 2.6 Instalação experimental para experiências de microdescarga DC

O esquema da instalação experimental é apresentado na figura 2.25. As experiências foram realizadas no interior de uma câmara de vácuo octogonal de aço inoxidável de 2 litros,~ , na qual a pressão do gás podia variar entre $10^{-6}$ e $10^3$ Torr. O diâmetro e a altura deste recipiente eram de 14 cm e 11 cm, respetivamente. Em cada lado das paredes octogonais, existiam aberturas circulares. Três destas aberturas foram utilizadas para o fornecimento de gás, para os conectores eléctricos e para o sistema de posicionamento do suporte de amostras. Colocámos janelas de vidro nas outras aberturas para medições ópticas e observação direta. A parte superior do recipiente foi coberta por uma placa de aço inoxidável e separada por uma junta de borracha para garantir a estanquicidade. Foi também colocada uma janela de vidro no meio desta placa. A parte inferior da câmara foi ligada ao sistema de bombagem. Os reactores de microdescarga foram instalados na câmara utilizando um suporte de amostras feito em casa. No âmbito deste projeto, foram utilizados principalmente os gases He e Ar, mas também estavam disponíveis gases diferentes como o $SF6$ e o $N2$.

Antes de uma experiência, a câmara foi primeiro evacuada a $10^{-5}$ Torr, com uma bomba primária e uma bomba molecular turbo. Posteriormente, encheu-se a câmara com o gás desejado até uma pressão definida. Foram utilizados um manómetro de Baratron e um manómetro de Penning para medir as pressões de trabalho e de base, respetivamente. Foi utilizado um controlador digital de fluxo de massa (0-100 sccm) para injetar o gás durante as experiências para o renovar.

Para as experiências, estavam disponíveis duas fontes de alimentação DC. Na maior parte do tempo, utilizámos a Heinzinger PNC-/PNChp-Series com saída DC 1500 V / 100 mA, que era bastante estável mesmo para corrente e tensão baixas. Também foi utilizado um modelo TECHNIX Sr-2.5-R-300 (0 a 2,5 kV) DC (300 W) para experiências que necessitavam de duas fontes de alimentação, como as experiências com 3 eléctrodos. No entanto, esta fonte de alimentação não era tão estável como a outra, porque se baseia num sistema de alimentação de modo comutado. Como resultado, observou-se alguma ondulação no sinal, especialmente a baixa tensão e corrente. Foi colocada uma resistência de lastro entre o dispositivo de microdescarga e a fonte de alimentação para limitar a corrente e evitar arcos. Para o efeito, foi utilizada uma caixa de conectores contendo diferentes resistências de alta potência (1,5 kΩ, 39/35 kΩ ou 1 MΩ). Em geral, foi utilizada uma resistência de balastro ($R_b$) de 35-39 kΩ para as experiências. Esta caixa foi equipada com conectores BNC para fornecer energia às microdescargas e para ligar as sondas de alta potência ao osciloscópio.

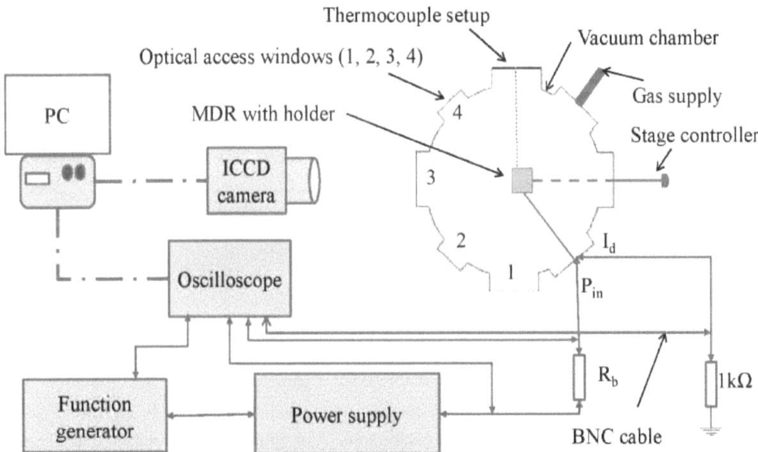



***Figura 2.25: Configuração da experiência para o funcionamento em corrente contínua do MDR.***

A unidade de potência pode ser controlada manualmente ou através de um gerador de funções externo (marca Escort (CGS 3230)). Em geral, para registar um ciclo completo no nosso osciloscópio, utilizámos uma frequência de 27 mHz para a rampa de tensão. A rampa de tensão típica foi de 24 V.s$^{-1}$. A corrente de descarga e a tensão foram ambas registadas durante a rampa lenta utilizando um osciloscópio (osciloscópio Tektronix modelo T3014B, 200 MHz). A corrente foi medida através de uma resistência de 1000 Q colocada entre a descarga e a terra. Este sinal de tensão triangular da fonte de alimentação permitiu-nos obter uma curva V-I completa. Os dados foram transferidos diretamente do osciloscópio para o computador, utilizando um programa/software automatizado Visual Basic de fabrico caseiro. Foram utilizadas duas polaridades para a experiência. Chamamos "Polaridade Padrão (SP)", o caso em que o silício foi polarizado para ser o cátodo (negativamente em relação ao elétrodo de níquel). O caso oposto foi designado por "Polaridade Inversa (RP)". As tensões do ânodo ($V_A$) e do cátodo ($V_C$) foram registadas de modo a inferir a tensão de descarga Vd= $V_A$ - $V_C$ e a corrente de descarga $I_d$ = $V_C$ / 1 kQ.

As análises das imagens foram efectuadas com uma câmara reflex digital, uma câmara de vídeo e uma câmara com dispositivo de acoplamento de carga intensificada (ICCD). A câmara reflex digital foi uma Canon EOS 350 D. A câmara de vídeo foi uma Panasonic AG-HMC71E de alta definição. A câmara ICCD era uma i-Star ANDOR 3979 com 1024 x 1024 pixels (13 $\mu m^2$ de tamanho efetivo de pixel) e uma cabeça de 18 mm. Era controlada por uma placa controladora PCI clássica de 1 MHz. Instalámos uma objetiva macro Nikon com uma distância focal de 105 mm e uma abertura máxima de f/2,8. O sistema ICCD foi arrefecido a - 20 °C.

## 2.7 Sistemas de diagnóstico para MDRs DC

### 2.7.1 Espectrometria de emissão ótica (OES)

Para a espetroscopia de emissão ótica (OES), a luz emitida pela microdescarga foi focada por uma lente convexa com uma distância focal de 5 cm na fenda de entrada do espetrómetro. A calibração do espetrómetro foi efectuada utilizando três linhas intensas emitidas por uma lâmpada de vapor de mercúrio a 3650,15 A, 4046,56 A e 5460,74 A. A caraterização da emissão UV pode ser efectuada utilizando janelas ópticas de SiO2 adequadas, que obtêm uma boa transmitância na região UV de 120 nm a 300 nm.

#### 2.7.1.1 Espectrómetro

Para a OES foi utilizado o espetrómetro TRIAX 550 (HORIBA). O espetrómetro TRIAX 550 (figura 2.26) está equipado com espelhos toroidais e caracteriza-se por um percurso ótico assimétrico. Trata-se de um espetrógrafo de imagem com uma distância focal de 550 mm, 2 fendas de entrada disponíveis e 2 fendas de saída disponíveis. A abertura do espetrómetro é de F/6,4. O espetrómetro foi equipado com espelhos de focagem maiores para maximizar o rendimento ótico e a ausência de vinhetas. Tinha três grelhas montadas numa única torre. Isto permitiu uma enorme flexibilidade na escolha das grelhas para uma resolução óptima e para a gama espetral desejada. Podem ser utilizadas três grelhas:

- Grelha com 150 linhas / mm
- Grelha com 1200 linhas / mm
- Grelha com 2400 linhas / mm

Um acionamento de alta velocidade e fendas motorizadas precisas automatizam totalmente os ajustes no espetrómetro. Os raios provenientes da fenda de entrada são dirigidos para os espelhos colimadores, que depois são reflectidos por uma das três grelhas, fixadas numa torre rotativa motorizada. O sistema ótico do espetrómetro dispersava a luz de acordo com o seu comprimento de onda para o espelho de focagem. Este espelho, tal como o seu antecessor, era côncavo e tinha uma superfície assimétrica para corrigir aberrações geométricas, incluindo o astigmatismo. O papel do espelho é refletir e focar o feixe para a fenda de saída. O espetro foi então detectado pela câmara ICCD. Esta foi a mesma câmara ICCD da marca ANDOR que a descrita anteriormente.

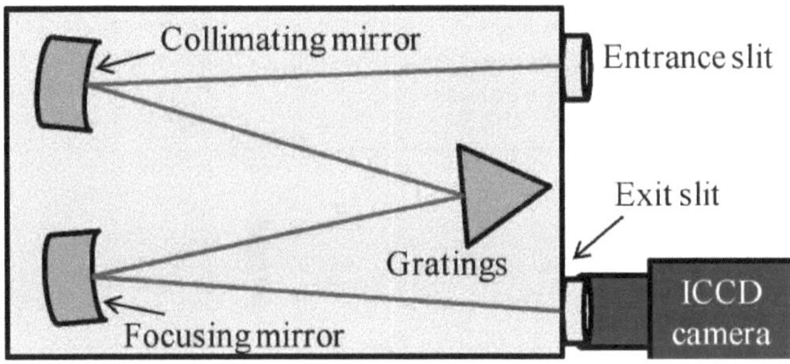


*Figura 2.26: Configuração do espetrómetro TRIAX 550 utilizado na OES.*

## 2.7.2 Microscopia

### 2.7.2.1 Microscopia ótica

Utilizámos um microscópio ótico Olympus (modelo B202), com uma ampliação total de 200 X. A ampliação da ocular foi de 10 X e a ampliação da objetiva foi de 10 X. A amostra observada foi colocada na plataforma de observação com um controlador de posição micrométrica móvel alimentado por uma fonte de alimentação DC (Burleigh modelo 7000). O microscópio foi utilizado para determinar o diâmetro das cavidades do MDR com uma precisão de cerca de 2 microns. Também forneceu uma análise de imagem ótica para as superfícies do reator MDR antes e depois da operação de plasma, permitindo assim ter uma ideia do efeito de envelhecimento na amostra.

### 2.7.2.2 Microscopia eletrónica de varrimento (SEM)

Utilizámos um microscópio eletrónico de varrimento (SEM) da empresa Carl Zeiss AG (modelo SUPRA™ 40) para observar os perfis da estrutura microscópica dos MDRs. Trata-se de um MEV de efeito de campo de alta resolução de uso geral baseado na coluna GEMINI® de 3ª geração. Possui uma grande câmara de amostras para a integração de detectores e acessórios opcionais. Um espetrómetro de raios X por dispersão de energia EDX está integrado no SEM e fixado no interior da câmara de amostras com um detetor da marca Broker. A distância mínima de trabalho recomendada para o EDX é de 8,5 mm. Pode funcionar em diferentes gamas de tensão, de 0,1 a

30 kV. Tem uma sonda de corrente bastante elevada de 4 pA a 10 nA, com dois detectores diferentes: "Detetor In-lens de alta eficiência" e "Detetor de electrões secundários Everhart-Thornley". Pode ser operado através de um computador com Windows.

Neste trabalho de doutoramento, utilizámos o SEM para ver e analisar as cavidades MDR após a sua clivagem. Foram efectuadas análises EDX para descobrir os efeitos das operações de plasma nas cavidades MDR.

### 2.7.3  *Espectroscopia de absorção por laser de díodo sintonizável (TDLAS)*

Como apresentado no próximo capítulo, foram efectuadas experiências de TDLAS para determinar a temperatura do gás e avaliar a densidade metaestável do MDR de alumina, especialmente durante a ignição e a extinção.

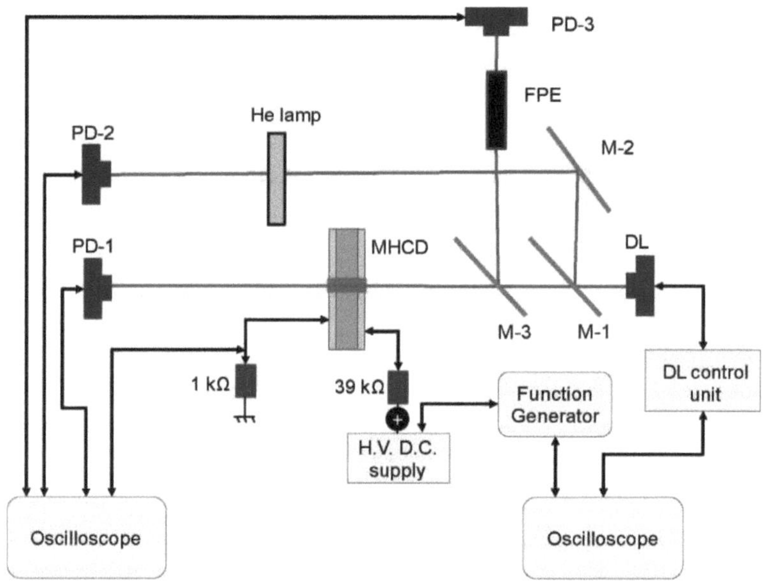


***Figura 2.27: Instalação experimental TDLAS utilizada para a caraterização do MHCD.***

A configuração experimental do TDLAS é apresentada na figura 2.27. Utilizámos um laser de díodo sintonizável (DL) que emite a 1083 nm. Este comprimento de onda corresponde às transições entre o estado metaestável He* $^3S_I$ e os estados excitados $^3P_{0,1,2}$. Como os dois componentes 3P2 e 3P3 destas linhas não são resolvidos, o perfil registado é a soma de dois perfis Voigt, cuja amplitude relativa é 5 e 3 (para as linhas dos níveis 3P2 e $^3P_I$, respetivamente) e estão separados por 2,34 GHz. O feixe DL foi primeiro dividido em 3 feixes: um deles foi direcionado para uma lâmpada de fonte He padrão, que forneceu uma referência para o perfil do espetro de absorção de He, o segundo foi enviado para o Fabry Perot Etalon (FPE) de 20 cm de comprimento, que forneceu o Free Spectral Range (FSR) de 0,375 GHz, e o terceiro foi direcionado para o buraco MHCD. Cada feixe foi detectado por um fotodíodo (PD) independente, cujo sinal foi registado por um osciloscópio. A montagem experimental para as medições TDLAS foi fornecida por Nader Sadeghi do laboratório LiPHY.

## 2.8 Instalação experimental para AC

As experiências relacionadas com as microdescargas que operam em regime AC foram efectuadas em colaboração com o grupo de microplasma de J. Winter na Ruhr Universitat Bochum (RUB), Bochum (Alemanha). Para estes estudos, trabalhámos com a equipa de Volker Schulz-von der Gathen e o seu aluno de doutoramento Henrik Bottner. Os resultados são apresentados no capítulo 5. A configuração experimental utilizada para as experiências em regime AC é apresentada na figura 2.28.

Utilizou-se uma câmara cilíndrica de aço inoxidável com um diâmetro interior de 25 cm e uma altura de cerca de 13 polegadas. A parte superior do cilindro foi coberta por uma tampa circular pesada de aço inoxidável. Para fazer vácuo no interior da câmara, a tampa superior foi colocada com uma junta de borracha circular reutilizável. O sistema de bombagem era constituído por uma bomba de diafragma (Pfeiffer MD 4TC) e uma bomba turbo de arrastamento molecular (TMP, Pfeiffer TMU 520 PC). O vácuo final podia ser efectuado até uma pressão de $10^{-6}$ mbar. O sistema de bombagem foi instalado no fundo da câmara.

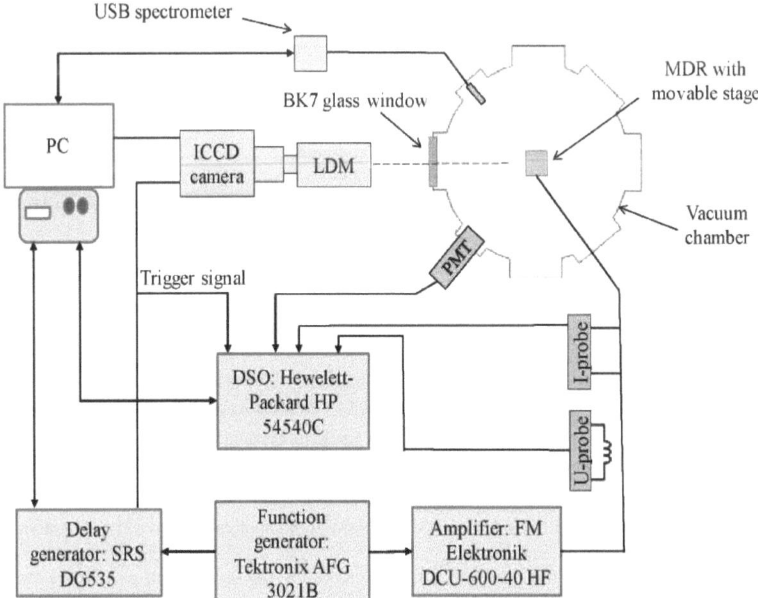


*Figura 2.28: Instalação experimental utilizada para o funcionamento em corrente alternada dos MDRs.*

A amostra foi montada no interior da câmara utilizando um suporte de amostras equipado com uma plataforma móvel tridimensional controlada por computador para facilitar o processo de alinhamento durante as medições ópticas. A câmara foi equipada com um medidor Pirani e um medidor magnetrão invertido para medições de baixa pressão. Um medidor capacitivo adicional também estava disponível para medições de pressão mais alta. Para as medições ópticas in-situ, foram instalados no interior da câmara um tubo fotomultiplicador ($\mu$mT, Hamamatsu R3896) e uma fibra ótica com lente frontal (lente colimada de sílica fundida f/2, Ocean Optics 74-UV, 200-2000 nm) ligada a um espetrómetro de grelha USB (Ocean Optics HR 4000). A câmara tinha uma janela de vidro BK7 maior para acesso à câmara ICCD (para medições espectroscópicas) e uma pequena janela de vidro normal para observações visuais.

Um amplificador de potência de banda larga (FM Elektronik DCU 600-40 HF) foi ligado através de um cabo BNC de 50 $\Omega$ a um gerador de funções arbitrárias (Tektronix AFG 3021B). O sinal amplificado foi ligado diretamente à flange de alimentação de alta tensão. Os eléctrodos do MDR foram soldados com um fio de cobre flexível revestido a verniz com um diâmetro de 3 mm e, em seguida, colocados no interior da câmara de vácuo . Os dispositivos foram alimentados com uma forma de onda de tensão triangular bipolar, com um meio ciclo positivo com um valor de pico de $+V_{max}$ e um meio ciclo negativo com um valor de pico de $-V_{max}$. O elétrodo de Ni dos MDRs foi ligado à fonte de alimentação e o elétrodo de Si foi ligado à terra. Foram inseridas sondas comerciais de tensão capacitiva (Tektronix P6015A) e de corrente indutiva (Tektronix P6021) entre o amplificador e a flange de passagem. Os sinais de tensão e corrente medidos foram monitorizados e registados com um osciloscópio de armazenamento digital (DSO, Hewlett-Packard HP-54540C).

## 2.9 Sistemas de diagnóstico para os MDR que funcionam em CA

### 2.9.1 Câmara ICCD e configuração de espetroscopia

Para as medições ópticas e espectroscópicas, foi utilizada uma câmara com dispositivo de acoplamento de carga intensificada (ICCD) (LaVision PicoStar HR16) com uma elevada taxa de abertura. A câmara tinha um chip ICCD de 512 x 512 pixéis. As experiências foram efectuadas com um telescópio de longa distância (LDM, Questar QMI). Este foi capaz de fornecer uma resolução espacial efectiva de 2 $\mu$m por pixel quando foram inseridas lentes adicionais (1,5 x e 2 x da marca Barlow) entre o sistema microscópico. As câmaras ICCD, bem como o microscópio, foram montados numa calha guiada reta. A distância de trabalho pode variar entre 0,56 m e 1,52 m e pode fornecer uma abertura numérica de 0,0255 a 0,0580, respetivamente. O sistema era capaz de fornecer uma ampliação até 12 vezes da imagem original. A instalação microscópica estava alojada numa cobertura de polioximetileno (POM) preto à prova de luz. A câmara ICCD estava equipada com um intensificador de porta e uma placa de microcanais (MCP). Uma voltagem comutável entre o fotocátodo e a MCP tornava o intensificador passível de ser ativado.

O controlo do ICCD para medições espectroscópicas foi efectuado com um gerador de atraso digital comercial (Stanford Research Systems DG535). Havia também a possibilidade de utilizar um filtro sintonizável de cristais líquidos (CRi VariSpec NIRR) entre a câmara e o microscópio para a discriminação espetral das imagens. O sistema da câmara ICCD, o osciloscópio (DSO) e o gerador de atraso foram controlados à distância através da porta paralela GPIB, utilizando o software de controlo visual basic caseiro.

## *2.9.2 Espectroscopia de emissão ótica com resolução de fase*

A expressão "Phase Resolved Optical Emission Spectroscopy" significa PROES. As experiências consistiram na análise da dinâmica de emissão dos MDRs em funcionamento em corrente alternada durante um período de excitação. Ao sincronizá-los com a frequência de condução, o seu comportamento periódico pode ser estudado. Para obter uma resolução temporal e espacial elevada, foi utilizado um chip de dispositivo de acoplamento de cargas combinado com um intensificador rápido de portabilidade repetitiva sob a forma de uma placa de microcanais e um sistema de telescópio ótico.

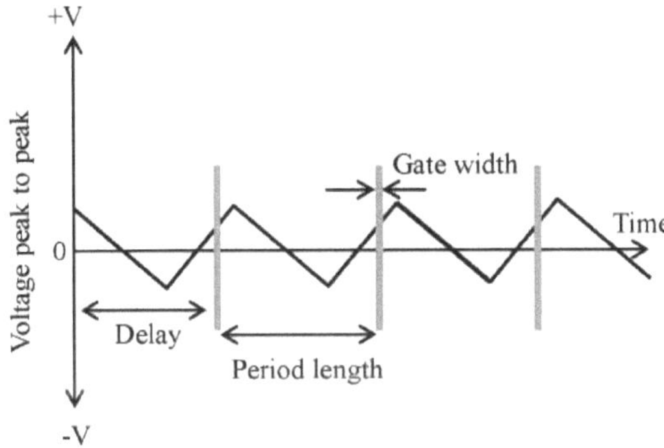


*Figura 2.29: Mecanismo de ativação do PROES.*

O sinal de fluorescência para cada fase foi integrado ao longo de vários períodos de excitação, através da ativação do detetor de fluorescência com uma largura de porta fixa e foi sincronizado com a frequência de condução (Figura 2.29). Deste modo, obteve-se uma elevada resolução temporal dos sinais MDR durante o período de excitação com rendimentos elevados de fotões. O sinal obtido foi então analisado utilizando um software caseiro, concebido por Henrik Bottner (RUB, Bochum) utilizando Visual Basic.

Capítulo 3

# Ignição e extinção em MHCD à base de alumina

## 3.1 Introdução

O objetivo deste capítulo é apresentar o estudo da ignição e extinção de microdescargas. Para estas experiências, foram utilizados os MHCDs de alumina com um único furo. Como descrito anteriormente no capítulo 2, estes microdispositivos foram perfurados e eram bastante adequados para as experiências de espetroscopia de absorção com laser de díodo sintonizável (TDLAS) que são apresentadas neste capítulo. Como veremos nos próximos capítulos, estes dispositivos eram também muito mais robustos do que os reactores de microdescargas (MDR) fabricados em silício. Esta foi uma das razões para os utilizar para esta caraterização.

Neste capítulo, apresentam-se primeiro as caraterísticas eléctricas dos reactores MHCD de furo único, com destaque para a sua ignição e extinção. Em seguida, é discutido o estudo relacionado com a avaliação da densidade metaestável e da temperatura do gás para MHCD utilizando a experiência TDLAS. Os fenómenos transitórios na ignição e extinção são então explorados utilizando TDLAS.

## 3.2 Estudo da ignição e extinção com caraterização eléctrica

Para esta experiência foi utilizado o gás Hélio (He). Foi utilizado um sinal triangular remoto com uma frequência de 50 mHz para controlar a rampa de tensão CC, tal como referido no segundo capítulo. Figura
3.1 mostra a evolução temporal da tensão e da corrente para um período de tensão triangular aplicada. A pressão do He era de 400 torr. Obteve-se um comportamento elétrico típico do MHCD: antes da ignição do plasma, a tensão continua a aumentar. Na rutura (A), a tensão de descarga diminui e a corrente atinge um determinado valor, dependendo do valor da resistência de lastro utilizada. Em seguida, a tensão de descarga mantém-se constante enquanto o cátodo não estiver limitado, como indicado na ref. *[Duf-08]*. Finalmente, a corrente de descarga diminui até chegar a zero (B).

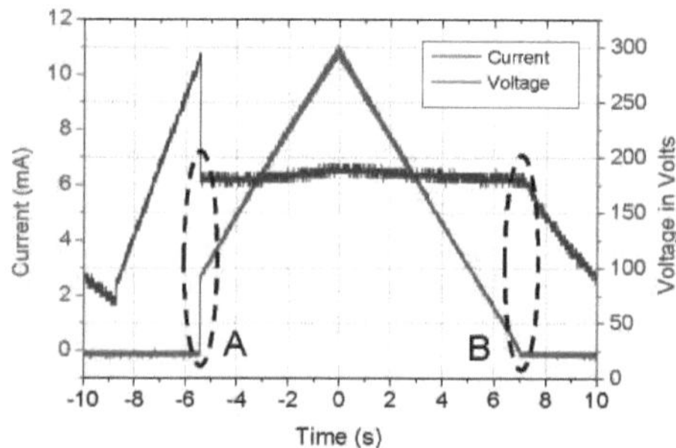


***Figura 3.1: Gráficos de tensão e corrente padrão em relação ao tempo (w.r.t.) para um reator MHCD de furo único a 400 Torr He.***

Com esta escala de tempo em segundos, é obviamente impossível detetar os fenómenos transitórios envolvidos na ignição e na extinção da microdescarga. Para estudar a ignição e a extinção do microplasma, a escala de tempo do osciloscópio foi reduzida para a gama dos microssegundos. As regiões (A) e (B) (figura 3.1) foram investigadas para analisar a ignição e a extinção da MHCD.

### 3.2.1.1   Ignição

Na figura 3.2, são mostradas as formas de onda da corrente e da tensão MHCD durante a ignição do plasma a (a) 350 Torr e (b) 750 Torr. A descarga no interior do reator MHCD começa com um grande impulso de corrente e atinge um regime estável após algumas oscilações. A duração típica do impulso é de cerca de 2 ps FWHM (full width at half maximum). Os mesmos tipos de oscilações, mas fora de fase em relação ao sinal de corrente, são também observados na forma de onda da tensão (curva azul e tracejada na figura 3.2). De facto, antes da avaria, a tensão sobe lentamente e carrega o reator MHCD. Depois, o plasma começa a inflamar-se e observa-se uma forte queda de tensão. O enorme pico de corrente corresponde ao regime transitório do microplasma antes de atingir o regime de estado estacionário *[Rou-06, Duf-09]*.

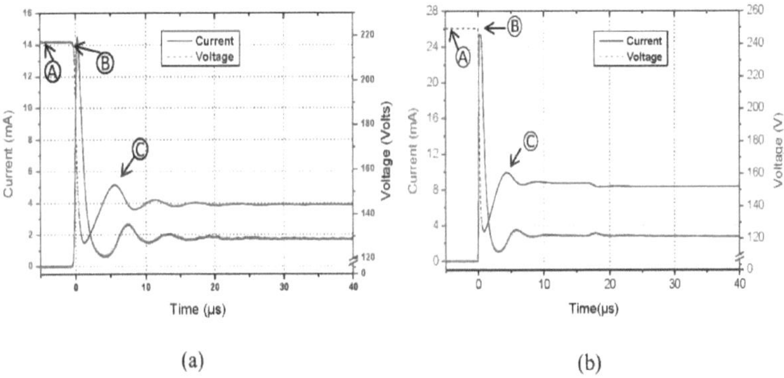

*Figura 3.2: Formas de onda da corrente e da tensão MHCD na ignição de microdescargas de hélio (a) a 350 Torr e (b) a 750 Torr.*

É possível quantificar o tempo de estabilização necessário para que as microdescargas atinjam o regime de incandescência normal. Os gráficos da figura 3.2 podem ser explicados passo a passo para melhor visualizar os gráficos imediatamente após o fenómeno de rutura. Podemos distinguir três zonas: a zona de pré-rutura (entre os pontos A e B), a zona de transição (entre B e C) e a incandescência normal (a partir do ponto C). Na zona de pré-rutura, a corrente é zero, mas a tensão aumenta até se atingir o potencial de rutura. Algumas equipas de investigação *[Sch-97, Che-02]* utilizaram o mesmo tipo de geometria para reactores de cátodo micro oco e mediram uma corrente muito baixa antes da queda de tensão e do regime de incandescência normal, justificando assim a existência de um regime de pré-rutura. Experimentalmente, não podemos medir a corrente das nossas amostras porque a espessura do cátodo é de cerca de 8 μm, enquanto este regime é observado para cátodos com uma espessura de várias centenas de microns.

Na rutura, surge o fenómeno transitório. A corrente atinge inicialmente um valor de cerca de 15 mA para 350 Torr e de 25 mA para 750 Torr em cerca de 300 ns, baixando e estabilizando depois de alguns microssegundos para cerca de 5 mA. Ao nível microscópico, isto significa que o campo elétrico e as bainhas catódicas também se estabilizam após alguns microssegundos. Além disso, este período de estabilização depende ligeiramente da pressão.

### 3.2.1.2   Regime de auto-pulsação

O sinal de ignição pode ser comparado com o regime de auto-pulsação *[Aub-07]*. Este regime surge quando a micro-descarga é alimentada por uma corrente de descarga bastante baixa, tipicamente inferior a 1 mA. É bastante fácil de obter com a nossa configuração: basta mudar a resistência de lastro para 1 MΩ para reduzir significativamente a corrente. Em seguida, a corrente é auto-pulsada, tal como relatado por várias outras equipas *[Hsu-05, LAZ-11...]*. A Figura 3.3 mostra as formas de onda da corrente e da tensão neste regime particular. No ponto A, a tensão aumenta até atingir o potencial de rutura (ponto B). A corrente aparece subitamente (no ponto B) e atinge um valor de 28 mA no ponto C. A duração do impulso é tipicamente de 1-2 ps.

Por analogia com um circuito RC, a duração entre A e B é o tempo necessário para acumular cargas no cátodo do condensador equivalente do MHCD até que a tensão atinja a tensão de rutura. Em seguida, a descarga deste condensador cria um pico de corrente elevado. Entre os pontos B e C, X. Aubert e A. Rousseau mostraram que a descarga se estende na superfície externa do cátodo *[Aub-07]*. Assim, após o impulso elevado, a fonte de alimentação não fornece uma tensão suficiente para manter a corrente de descarga entre os dois eléctrodos. Como consequência, a descarga não é auto-sustentada e desaparece após 2 ps (entre os pontos C e D). Entre estes dois pontos, se os eléctrodos forem suficientemente espessos, foi demonstrado que uma micro-descarga fraca é confinada à cavidade do microcátodo. As imagens obtidas por câmara ICCD que ilustram este fenómeno são apresentadas no trabalho de X. Aubert e A. Rousseau *[Aub-07]*.

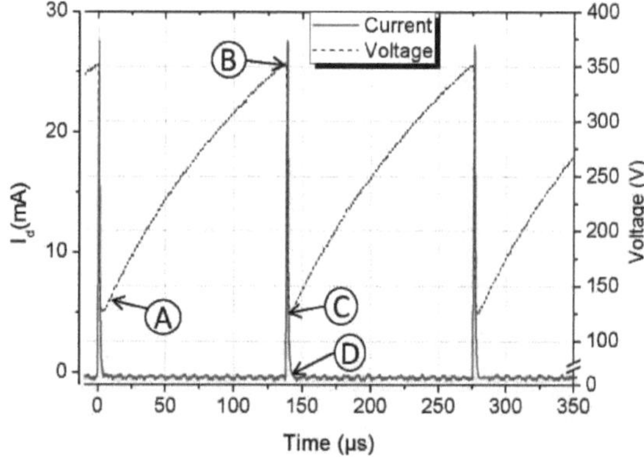



*Figura 3.3: Gráficos de corrente e tensão em função do tempo para o MHCD a funcionar em regime de auto-pulsação em hélio a 200 Torr.*

O mesmo fenómeno de ignição é seguido pelo MHCD a funcionar em regime estacionário. No início da descarga, observa-se um grande pico de corrente (figura 3.2). Mas, neste caso, a fonte de alimentação fornece uma tensão suficiente para manter uma corrente de descarga entre os dois eléctrodos, e vemos uma descarga incandescente estável no dispositivo MHCD.

### 3.2.1.3 Fase de extinção

Para a extinção do plasma, obteve-se um comportamento diferente. A figura 3.4 mostra as formas de onda da corrente e da tensão para o fim das microdescargas a (a) 350 e (b) 750 Torr He (zona B na figura 3.1). Estes gráficos mostram o comportamento da tensão e da corrente da MHCD numa janela de algumas dezenas de micro segundos, imediatamente antes da extinção do plasma no interior da cavidade. Na figura 3.4 (a), a 350 Torr, vemos que, no final do regime normal de incandescência, a corrente começa a diminuir lentamente de alguns mA para 100s de pA. Ao mesmo tempo, a tensão tende a aumentar lentamente. Depois, a corrente cai para zero em cerca de 20 micro segundos. Nesta região de baixa pressão, observamos apenas uma curva monotónica e suave a diminuir sem instabilidade durante a extinção do plasma.

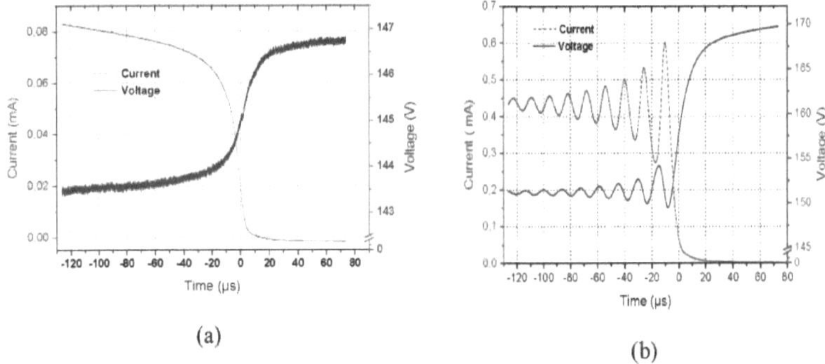

(a)        (b)

***Figura 3.4: Curvas de corrente e tensão em função do tempo para o fim das microdescargas a (a) 350 e (b) 750 Torr He.***

A figura 3.4 (b) mostra a extinção do MHCD a uma pressão mais elevada (750 torr). Aqui, pode ver-se que, antes do fim do plasma na região de alguns 10's de micro segundos, a corrente e a tensão seguem um comportamento oscilante. Este comportamento é completamente diferente do fim das microdescargas a baixa pressão (< 400 Torr) e dos fenómenos de ignição. Esta curva corresponde a uma oscilação exponencial sinusoidal. O período de oscilação é de cerca de 14 ps.

Para garantir que estas oscilações não eram um ruído elétrico, o sinal do tubo fotomultiplicador (μmT) foi registado durante o fim do plasma. Um exemplo desse sinal μmT é apresentado na figura 3.5. A partir desta figura, podem ser observadas oscilações claras na intensidade da luz da microdescarga. Isto indica que estas oscilações são geradas pela própria microdescarga. Estas medições μmT são confirmadas pelas experiências de espetroscopia com laser de díodo sintonizável (TDLAS), que são apresentadas neste capítulo.

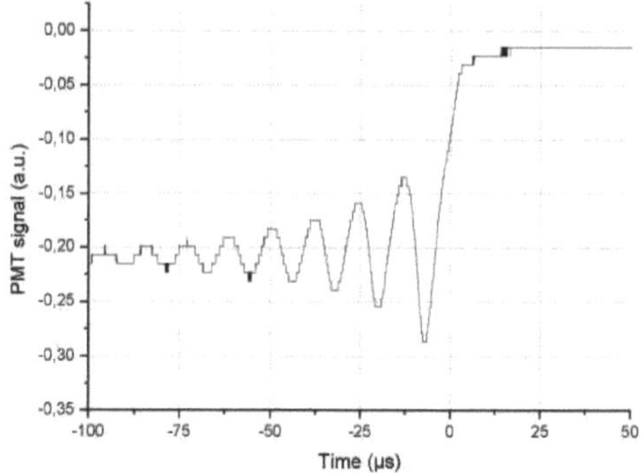



*Figura 3.5: Sinal µmT registado para a extinção da microdescarga.*

## 3.3 Circuito elétrico equivalente

Para reproduzir o comportamento da corrente versus tempo durante a fase de ignição e extinção do microplasma por simulação eléctrica, foi simulado um circuito elétrico equivalente com o software PSPICE. Esta secção apresenta os resultados obtidos por estas simulações.

### 3.3.1 Ignição

Foi utilizado um circuito elétrico equivalente para simular a ignição das descargas no MHCD, como mostra a figura 3.6. A ferramenta de simulação PSPICE foi utilizada para simular este circuito elétrico equivalente. Neste circuito, a parte do reator MHCD é indicada pelo retângulo (linhas tracejadas vermelhas).

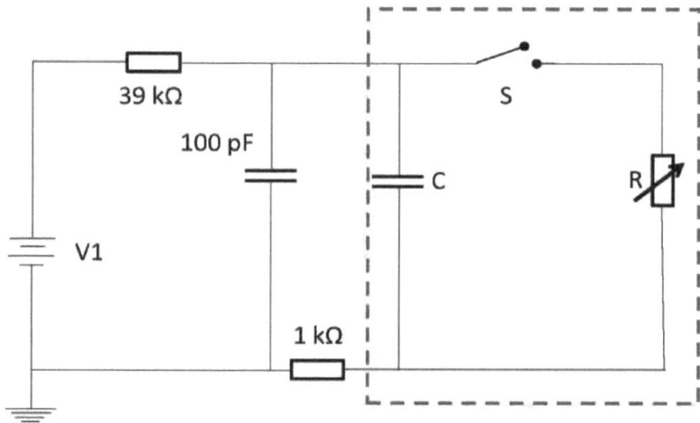



*Figura 3.6: Circuito elétrico equivalente utilizado nas simulações, para mostrar a ignição das microdescargas no interior dos reactores MHCD. As linhas tracejadas vermelhas indicam o circuito equivalente para o MHCD*

Neste circuito, uma fonte de tensão contínua (V1) foi utilizada como fonte de tensão para o circuito com uma tensão máxima de 240 V. A resistência de balastro de 39 kΩ foi adicionada em série. Foi adicionado um condensador de 100 pF para ter em conta a capacitância equivalente dos cabos coaxiais. A tensão de entrada foi avaliada através da colocação de uma sonda de tensão após a resistência de lastro. Na parte do MHCD, foi colocado um condensador de 50 pF (C) para ter em conta a capacitância equivalente do próprio MHCD. Uma resistência variável R foi colocada em paralelo com C para simular a resistência do microplasma durante a sua ignição. Um interrutor controlado por tensão S é colocado no circuito para simular a rutura da descarga. A resistência R foi variada de 5 kΩ até 100 kΩ para simular a ignição da microdescarga. Para as medições da corrente MHCD, foi colocada uma sonda de corrente na resistência de 1kΩ.

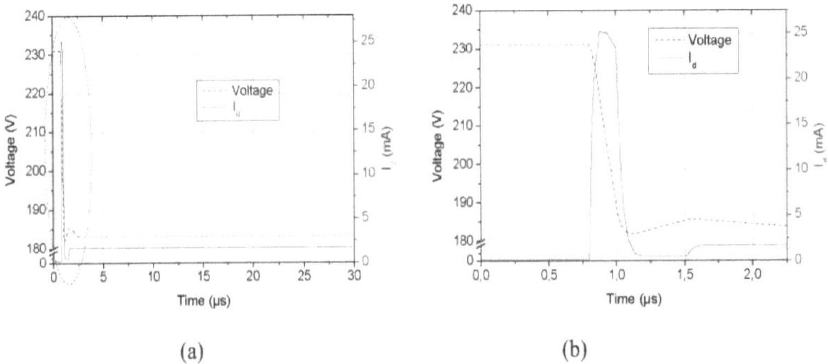

(a)      (b)

*Figura 3.7: (a) Saída do circuito elétrico equivalente simulado para a ignição da microdescarga em termos de curvas de tensão e corrente vs. tempo utilizando o PSPICE, e (b) é a parte ampliada do gráfico, tal como indicado pelas linhas tracejadas vermelhas na parte (a).*

A Figura 3.7 mostra as curvas de tensão e corrente em função do tempo, retiradas diretamente das simulações PSPICE. Neste gráfico, vemos que, ao fechar o interrutor S, a tensão cai e surge um pico de corrente. Este pico de corrente tem uma amplitude de corrente máxima (Id) de 25 mA e uma duração de impulso de cerca de 1 ps. Esta amplitude de corrente e duração do impulso são aproximadamente semelhantes ao pico de corrente de descarga obtido para o caso de 750 Torr (figura 3.2 (b)). Após este pico, a corrente diminui rapidamente e atinge um valor próximo de zero mA. Ao mesmo tempo, a tensão volta a aumentar. Após 2 ps, vemos as formas de onda da corrente e da tensão estabilizadas. Este comportamento é também semelhante ao comportamento dos gráficos de corrente e tensão obtidos para 750 Torr (figura 3.2 (b)).

Quando o interrutor S é fechado, o condensador MHCD começa a descarregar-se através da resistência. Nesta altura, observa-se uma queda de tensão e um pico de corrente elevado. Este pico corresponde à descarga do condensador através do microplasma. Durante a formação da bainha, há uma pequena flutuação da corrente. Em seguida, são produzidos electrões secundários para sustentar o microplasma DC estável. No regime de auto-pulsação, com uma resistência de lastro mais elevada, o condensador é esvaziado devido ao grande pico de corrente e a carga do

63

condensador não é suficientemente rápida para fornecer os electrões necessários e permitir o processo de emissão secundária.

### *3.3.2 Extinção*

Como já foi referido, se a microdescarga funcionar a uma pressão mais baixa (<400 Torr), pode obter-se uma extinção suave. Mas a pressões mais elevadas, ocorrem algumas oscilações durante a fase de extinção. Para a parte da extinção, parece que um simples circuito elétrico equivalente não é suficiente para mostrar essa instabilidade.

A experiência TDLAS foi também realizada para investigar o papel e a dinâmica dos metaestáveis durante a ignição e a extinção do MHCD.

## 3.4 Medições com TDLAS

Esta secção apresenta as medições de espetroscopia de absorção com laser de díodo sintonizável (TDLAS) realizadas para estudar a evolução da densidade metaestável de He. Neste parágrafo, os resultados da experiência TDALS são apresentados em primeiro lugar para o regime de incandescência em estado estacionário da microdescarga. As medições da temperatura do gás também são aqui apresentadas. Posteriormente, é apresentado o estudo relacionado com a ignição e a extinção da MHCD utilizando TDLAS.

### *3.4.1 Medições de densidade metaestável para MH CD baseado em Al2O3 em regime de estado estacionário*

Nesta parte, são apresentadas as medições TDLAS para calcular a densidade metaestável e a temperatura do gás de um MHCD.

Para estas experiências, um MHCD de alumina com um único orifício foi aceso em regime de incandescência normal a uma pressão de gás desejada. O feixe de laser de díodo atravessava o orifício do MHCD do lado do ânodo para o lado do cátodo e era detectado por um fotodíodo utilizando a configuração experimental apresentada no capítulo 2. Estas experiências foram realizadas em colaboração com Nader Sadeghi do laboratório *LiPhy*. As experiências foram efectuadas em hélio para 4 valores de corrente de descarga (5, 10, 15 e 20 mA) e para 3 pressões diferentes (350, 500 e 750 Torr).

Nesta altura, seria interessante ver as estruturas do He em termos de níveis de energia. A Figura 3.8 mostra o diagrama de níveis de energia de Grotrian para o He, retirado da ref *[Fan-06]*. Como referido por Fantz no seu artigo *[Fan-06]*, o Hélio tem um sistema de dois electrões e os níveis de energia estão separados em dois sistemas de multipletos, um singleto e um tripleto. Devido ao princípio de exclusão de Pauli, o Hélio pode ter uma estrutura fina para o estado $2^3$P (figura 3.8). Aqui, os estados electrónicos que não podem decair por transições radiativas têm um tempo de vida longo e são chamados estados metaestáveis ($2^3$S e $2^1$S). As transições que estão diretamente ligadas ao estado fundamental são chamadas transições ressonantes. Para o nosso estudo, foi utilizada a transição entre os estados metaestáveis $2^3$S e $2^3$P.

Para a medição, o comprimento de onda do laser de díodo sintonizável foi ajustado para as transições 23S1 $\wedge$ $2^3P_j^0$ $(J = 1,2)$ de He a cerca de 1083 nm. Em seguida, os perfis espectrais das linhas de absorção do hélio foram registados para deduzir as densidades metaestáveis do He* ($^3s_1$) para várias condições de descarga. Devido ao seu longo tempo de vida, os átomos em estados metaestáveis são um reservatório de energia na descarga, e a ionização gradual através destes estados é conhecida por ser um importante mecanismo de ionização em plasmas de gases raros, especialmente quando a temperatura do eletrão é baixa. Os estados metaestáveis podem ser extintos por colisões de electrões: este é um dos principais mecanismos para o seu

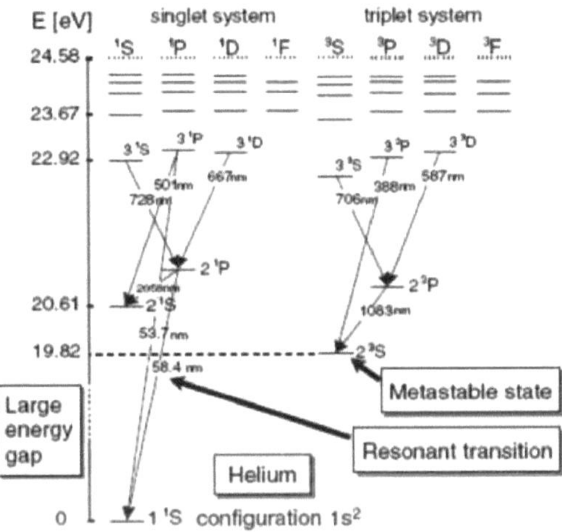


*Figura 3.8: Diagrama de níveis de energia de Grotrian para o Hélio. [ref: Fan-06]*

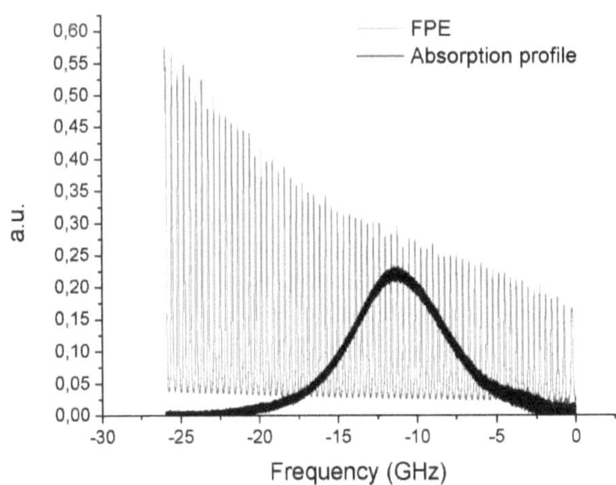


*Figura 3.9: Perfil de absorção típico obtido na experiência TDLAS em funcionamento estável do plasma a 500 Torr He e 15 mA de corrente de descarga.*

Um perfil de absorção típico é apresentado na figura 3.9 (curva preta). No gráfico, adicionámos também o sinal proveniente do etalon Fabry-Perot (curva vermelha), que indica a gama espetral livre (FSR) para calibração. Aqui o FSR é igual a 0,375 GHz.

Utilizando os gráficos obtidos nas experiências TDLAS, a densidade metaestável de He pode ser calculada para uma corrente de descarga a uma determinada pressão. Em primeiro lugar, calcula-se a área de superfície S sob a linha de absorção . Esta área (S) é proporcional à densidade metaestável e pode ser dada seguindo a relação (3.1) *[Sad-04]:*

$$S = \int_0^\infty ln\left(\frac{I(0,v)}{I((l,\ v)}\right)\ dv = hv_0 f_{ik}l\langle N_i\rangle \tag{3.1}$$

onde $hv_0 f_{ik}$ é a taxa de absorção para uma frequência v, e h é a constante de Planck. A densidade absoluta média dos átomos absorventes é então dada pela equação (3.2):

$$\langle N_i\rangle = \frac{1}{hv_0 f_{ik}l}\ S = \frac{4\varepsilon_0 m_e c}{e^2 f_{ik}l}\ S = \frac{1}{lf_{ik}}\ 3.8\ \times\ 10^{14}\ S \tag{3.2}$$

em que S é dado em GHz, $\langle N_i\rangle$ é a densidade metaestável média em m$^{-3}$, $l$ é o comprimento de absorção em m e $f_{ik}$ é a força de oscilação das linhas, tal como discutido acima (figura 3.8) e tem os seguintes valores *[Nis-12]:*

$$f_{ik} = 0,060 \text{ for the } 1082.909 \text{ nm } {}^3S_1 - {}^3P_0 \text{ line}$$

$$f_{ik} = 0.18 \text{ for the } 1083.025 \text{ nm } {}^3S_1 - {}^3P_1 \text{ line}$$

$$f_{ik} = 0.30 \text{ for the } 1083.034 \text{ nm } {}^3S_1 - {}^3P_2 \text{ line}$$

Mas, no caso atual, as duas linhas posteriores não estão resolvidas (figura 3.8), pelo que os valores de f devem ser adicionados e a relação (3.2) passa a ser *[Sad-04]:*

$$For\ 1083.03 \quad <N_i> = 7.92\ 10^{14}\ *\ S\ /\ l_{eq} \tag{3.3}$$

Para ser mais exato, o comprimento de absorção equivalente ($l_{eq}$) pode ser a adição do comprimento da cavidade MHCD e do comprimento correspondente à dispersão do plasma da cavidade. Mas, nesta avaliação, considerámos apenas o comprimento da cavidade do nosso reator MHCD (~ 270 μm) porque não medimos o comprimento da dispersão do plasma.

Utilizando a relação (3.3), podemos calcular a densidade metaestável das espécies sob o funcionamento do plasma MHCD. A densidade metaestável calculada em função da corrente de descarga é apresentada na figura 3.10 para 3 pressões diferentes.

Um fator que pode afetar os cálculos é o fluxo de gás durante a experiência *[Pen-02]*. A operação de descarga em MHCD, sem um fluxo de gás, pode causar o despovoamento dos níveis excitados devido a processos de volume como colisões de dois e três corpos e devido à extinção por impurezas. Isto pode resultar numa diminuição significativa da densidade de espécies excitadas com o tempo *[Pen-02]*. Por este motivo, foi mantido um pequeno fluxo de gás de cerca de 15 a 20 sccm durante as nossas experiências.

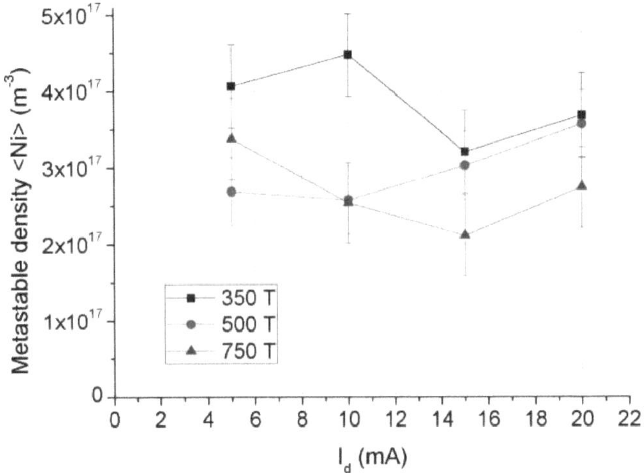



*Figura 3.10: Densidade metaestável calculada para MHCD à base de alumina utilizando o método TDLAS.*

### 3.4.2 Medições da temperatura do gás

A temperatura do gás no interior de um MHCD de furo único durante o funcionamento do plasma pode também ser avaliada por experiências TDLAS. As variações de pressão e de corrente num MHCD modificam a temperatura do gás no interior da cavidade do microreactor.

No funcionamento do plasma, vários mecanismos contribuem para o alargamento das linhas de transição atómica. Consideramos três factores principais de alargamento das linhas de absorção: Stark, Doppler e alargamento de pressão.

O alargamento Stark é o resultado da interação de coulomb do átomo absorvente com as partículas carregadas presentes no plasma e está relacionado com a distribuição Lorentziana.

Devido à elevada densidade de electrões no microplasma atmosférico excitado por corrente contínua, o alargamento de Stark pode ser importante no presente caso.

O alargamento Doppler está diretamente relacionado com a temperatura do gás. Segue uma distribuição de Gauss. A largura da linha ΔvDoppler (FWHM) está relacionada com a temperatura do gás através da relação (3.4) *[Sad-04]:*

$$\Delta v_{Doppler}\ [GHz] = 7.16 \times 10^{-7}\ (c/\lambda)\ (T/M)^{1/2} \tag{3.4}$$

Por exemplo, para uma linha individual de Hélio a 1083 nm a 300 K, obtemos $\Delta v_{Doppler} = 1,718$ GHz.

O alargamento da pressão resulta da perturbação dos níveis de energia dos átomos emissores devido à presença de espécies neutras circundantes. Este alargamento conduz a uma distribuição Lorentziana perfil.

Neste caso, como a razão numérica experimental entre átomos de hélio metaestáveis e normais é muito pequena, só é necessário considerar o alargamento da pressão e a deslocação de níveis resultantes de colisões entre os átomos de He ($1\,^{1}S_0$) com átomos metaestáveis de He ($2\,^{3}S_1$) e He ($2\,^{3}P_j$) *[Vri-04]*.

Assim, para calcular a temperatura do gás no interior da cavidade MHCD, a forma da linha de absorção pode ser descrita por uma função Voigt, ou seja, uma convolução das funções Lorentziana e Gaussiana. A ideia principal é comparar os perfis Voigt experimentais de absorção obtidos a partir das medições TDLAS com os perfis Voigt simulados obtidos a partir das simulações para uma temperatura de gás considerada.

Os perfis Voigt são simulados tendo em conta diferentes parâmetros, nomeadamente o alargamento Doppler, o alargamento Stark, o comprimento da cavidade e a densidade eletrónica avaliada. A densidade eletrónica utilizada nestas simulações foi avaliada por Thierry Dufour durante o seu trabalho de doutoramento sobre MHCDs à base de alumina *[Duf-09]*. Na figura 3.11 são apresentados os resultados obtidos por T. Dufour, retirados da espetroscopia de emissão ótica (OES) através da análise do alargamento Stark da linha HP. O gráfico apresenta a densidade de electrões para diferentes pressões e correntes de descarga.

A temperatura estimada do gás ($T_g$) para diferentes pressões de He e correntes MHCD é apresentada na figura 3.12. Este gráfico apresenta a comparação entre as temperaturas do gás calculadas por TDLAS e as obtidas por OES.

Nas experiências TDLAS, as temperaturas do gás são calculadas para 350, 500 e 750 Torr e para 5, 10 e 15 mA. Nas experiências OES, a banda rovibracional do segundo sistema positivo de N2 foi ajustada para avaliar a temperatura do gás *[Duf-09]*. A temperatura do gás He foi avaliada para 400, 750 e 1000 Torr em diferentes correntes de descarga até 15 mA.

Note-se que as medições da temperatura do gás baseadas no OES são retiradas dos estudos de doutoramento de T. Dufour *[Duf-09]*. A partir da figura 3.12, pode ver-se que a temperatura do gás aumenta mais ou menos linearmente com a corrente. A temperatura do gás aumenta com a pressão, como também observado na ref. *[Duf-09]*.

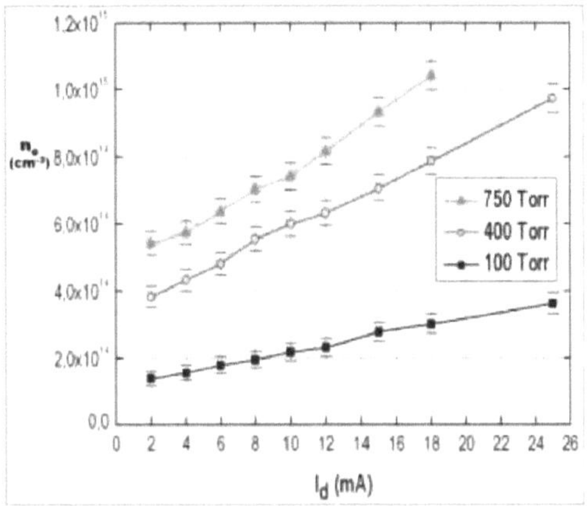

*Figura 3.11: Densidades do número de electrões em função da corrente de funcionamento para uma microdescarga de furo único a 100, 400 e 750 Torr em He. O diâmetro da cavidade MHCD é de aproximadamente 260 μm.*

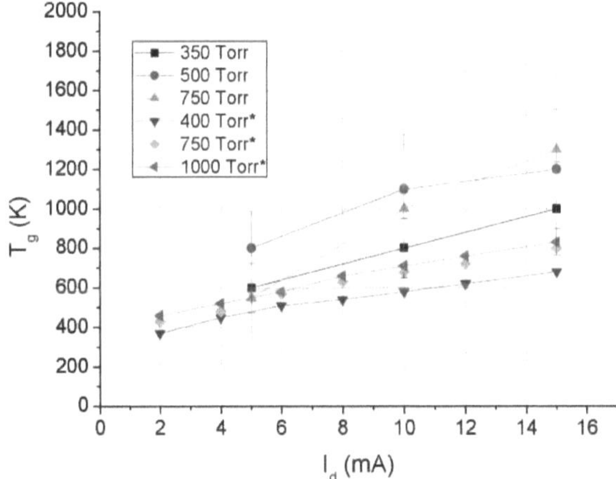

*Figura 3.12: Estimativa da temperatura do gás He utilizando TDLAS e comparação com a temperatura do gás obtida a partir do espetro rovibracional do N2 utilizando OES (os resultados são indicados com um asterisco na legenda do gráfico) para MHCD.*

### 3.4.3 Caracterização TDLAS para ignição e extinção

Nesta subsecção, são apresentadas as caracterizações baseadas no TDLAS para a ignição e a extinção do MHCD.

Para investigar a ignição e a extinção da MHCD, primeiro avaliámos a largura dos perfis de absorção para diferentes correntes de descarga e para duas pressões de gás 350 e 750 Torr. Em seguida, para avaliar a evolução da absorção durante a ignição e a extinção, o laser foi fixado no centro da linha do perfil. A ignição do MHCD foi efectuada utilizando uma rampa de tensão triangular da fonte de alimentação.

Assumindo um perfil Lorentziano, com $v_L$ (FWHM) em unidade de GHz; a densidade está relacionada com o valor de pico de ln ($I_0/I$) quando o laser é colocado no centro do perfil da linha, e pode ser dada pela relação (3.5):

$$\langle N_i \rangle = \frac{\pi \Delta v_L}{2} \frac{1}{l f_{ik}} 3.8 \times 10^{14} \ ln\left(\frac{I_0}{I}\right) = \frac{\Delta v_L}{l f_{ik}} 5.97 \times 10^{14} \ ln\left(\frac{I_0}{I}\right) \tag{3.5}$$

Neste caso, a força de oscilação a considerar é $f_{ik} = 0{,}48$ e utilizando este valor na equação acima (3.5), a equação torna-se:

$$\langle N_i \rangle = \frac{\Delta v_L}{l} 1.24 \times 10^{15} . l_n\left(\frac{I_0}{I}\right) \tag{3.6}$$

Aqui, a densidade média metaestável está em $m^{-3}$, l é o comprimento de absorção em m. Foi utilizado um comprimento de cavidade (l) de 270 qm para os cálculos. Nas experiências, foi também mantido um pequeno fluxo de gás de cerca de 15 a 20 sccm para renovar o gás durante o funcionamento.

Utilizando a equação anterior (3.6), as densidades metaestáveis foram estimadas para o início e o fim do plasma. Para esta estimativa, os valores de FWHM $\Delta v_L$ foram retirados das curvas de absorção regulares (figura 3.9) obtidas na última secção com experiências TDLAS para diferentes correntes de descarga.

A tabela 3.1 mostra a FWHM calculada dos perfis de absorção obtidos por meio de experiências TDLAS para diferentes pressões com as correspondentes correntes de descarga.

| Pressure | Current | FWHM (GHz) |
| --- | --- | --- |
| (Torr) | (mA) | ± 0.01 |
| | 5 | 7.07 |
| 350 Torr | 10 | 6.53 |
| | 15 | 5.76 |
| | 20 | 5.70 |
| | 5 | 13.96 |
| 750 Torr | 10 | 9.12 |
| | 15 | 7.69 |
| | 20 | 8.70 |

*Tabela 3.1: FWHM aproximado dos perfis de absorção obtidos na experiência TDLAS,
para diferentes correntes de descarga a pressões de 350 e 750 Torr*

**Ignição**

A Figura 3.13 (a) mostra a evolução temporal da densidade metaestável e da corrente de descarga durante a ignição do microplasma a 750 Torr em He. Após a rutura, observamos que a densidade metaestável aumenta de forma aproximadamente monótona com uma escala de tempo de 40 ps. No entanto, um pequeno pico de densidade metaestável é obtido durante o impulso de corrente. Em seguida, o plasma passa para o regime normal e a densidade metaestável permanece constante em cerca de $1,2 \times 10^{18}$ m$^{-3}$ com uma corrente de descarga de cerca de 2,5 mA. Foi observado um comportamento semelhante para a pressão de 350 Torr, com uma densidade metaestável de 7 x $10^{17}$ m$^{-3}$ para uma corrente de descarga de cerca de 2 mA. O pico da densidade metaestável pode ser relacionado com o impulso de corrente no início do plasma. Após este pico, a densidade metaestável atingiu um estado estável em 40 ps. Este tempo de estabilização da densidade metaestável pode estar relacionado com o efeito térmico causado pelas variações de temperatura do gás durante o arranque do plasma.

**Extinção**

A Figura 3.13 (b) mostra a evolução temporal da densidade metaestável e da corrente de descarga durante a extinção do microplasma a 750 Torr em He.

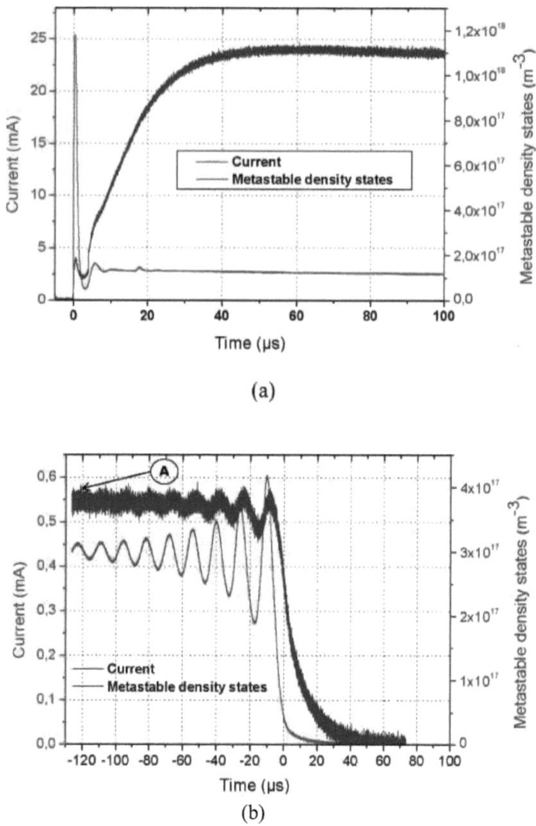



***Figura 3.13: Estados de densidade metaestável obtidos por TDLAS e corrente vs. tempo a 750 Torr He para (a) início (b) fim das descargas para um reator MHCD.***

A densidade metaestável muda de acordo com a variação da corrente de descarga com um ligeiro atraso de 2 µsec. No ponto A (figura 3.13 (b)), vemos a presença de algumas oscilações de amplitude muito baixa nos estados de densidade metaestável com um valor de cerca de $4 \times 10^{17}$ $m^{-3}$. Para pressões mais baixas (inferiores a 350 Torr), a corrente diminui suavemente para zero com a extinção do plasma e, por conseguinte, a densidade metaestável também diminui suavemente para zero a partir de um valor de $3 \times 10^{17}$ $m^{-3}$. De facto, as oscilações da densidade metaestável poderiam estar ligadas à variação da densidade eletrónica do plasma, OU as variações das densidades metaestáveis (e do seu tempo de estabilização) poderiam levar à variação da densidade eletrónica durante o funcionamento do plasma próximo da sua extinção. Mas em cada caso, é evidente que as oscilações observadas nas curvas de corrente e de tensão são causadas pelo funcionamento do plasma no interior da cavidade à escala micrométrica.

## 3.5 Conclusões

Neste capítulo, apresentamos e discutimos os fenómenos relacionados com a ignição e a extinção do MHCD à base de alumina. Para a ignição do MHCD, foi observado um enorme pico de corrente de poucos 10's de mA para cada pressão, utilizando caracterizações eléctricas. Para os picos de ignição, foi observada uma largura de pulso típica de 2 μs. Para a extensão do plasma, a altas pressões, observou-se um comportamento oscilante com um período de tempo de poucos ps. Estudos com o tubo fotomultiplicador indicaram que estas oscilações não estavam a ocorrer devido ao fornecedor de energia. Em seguida, o fenómeno da ignição das microdescargas foi explicado através de um circuito elétrico equivalente. Depois, utilizando experiências TDLAS, descobriu-se que as densidades metaestáveis mudam com a variação das correntes para a ignição e extinção das microdescargas. Para a ignição, verificou-se que a corrente de descarga pode afetar a densidade metaestável. Neste caso, foi observado um tempo de estabilização metaestável de 40 ps. Aqui, a densidade metaestável foi da ordem de $10^{18}$ m$^{-3}$. Para a extinção das descargas, a densidade metaestável foi encontrada com um comportamento oscilante. Com esta experiência, concluiu-se que as oscilações observadas para a extinção do plasma eram o resultado do funcionamento do plasma no interior da microcavidade. Para a parte da extinção, foi calculada uma densidade metaestável da ordem de $10^{17}$ m$^{-3}$.

Com as experiências TDLAS, foram também calculadas as densidades metaestáveis e as temperaturas do gás para diferentes pressões de 350, 500 e 750 Torr em He com diferentes correntes de descarga para o funcionamento em estado estacionário das microdescargas. Foi encontrada uma densidade metaestável típica da ordem de $10^{17}$ m$^{-3}$. A temperatura calculada do gás variou de 500 K a 1300 K, dependendo da pressão do gás e da respectiva corrente de descarga.

*Capítulo 4*

# Estudo de microdescargas sobre silício em corrente contínua

## 4.1 Introdução

Neste capítulo, são apresentados os resultados obtidos com diferentes arranjos de reactores de microdescarga (MDRs) baseados em silício que funcionam em corrente contínua. São apresentadas as caraterísticas V-I para dispositivos de furo único, conjuntos de furos múltiplos e algumas configurações exóticas. Subsequentemente, são discutidas outras caraterísticas físicas das matrizes (tendências de ignição, efeitos de proximidade, etc.), comparando-as para diferentes disposições. Em seguida, é apresentado um estudo pormenorizado do mecanismo de falha dos dispositivos.

## 4.2 Microdescarga de furo único

Esta secção apresenta os resultados relativos aos reactores de microdescarga de furo único (MDR). Tal como descrito no segundo capítulo do fabrico, estes MDRs podem ter um diâmetro de cavidade que varia entre 25 $\mu$m e 150 $\mu$m. Utilizando diferentes técnicas de gravação, é possível obter cavidades isotrópicas, anisotrópicas ou através de orifícios. Para os MDR de furo único, foram preferidas cavidades profundas para as experiências, uma vez que as cavidades pouco gravadas, com poucos micrómetros de profundidade, podem ter um tempo de vida muito curto, normalmente de alguns segundos. Para estas, era muito difícil efetuar qualquer tipo de caraterização.

### *4.2.1 Caraterísticas V-I para polaridade padrão (SP) e polaridade inversa (RP)*

#### 4.2.1.1 Cavidade anisotrópica

Em primeiro lugar, são apresentados os resultados das experiências realizadas em reactores de microdescarga de furo único constituídos por uma cavidade anisotrópica. O reator de microdescarga de furo único tinha um diâmetro de 150 $\mu$m e uma profundidade de aproximadamente 200 $\mu$m.

A Figura 4.1 mostra as curvas V-I obtidas em (a) árgon e (b) hélio para duas configurações diferentes: em polaridade padrão (linha preta) e inversa (linha vermelha). A pressão do gás era de 370 Torr em ambos os casos. No inset, são também mostradas imagens das microdescargas para cada caso (caso SP & RP para Ar e He) com os gráficos correspondentes.

No caso do SP (Figura 4.1), após a avaria, tanto a corrente de descarga ($I_d$) como a tensão aumentam com o aumento da rampa da tensão de alimentação (comportamento em regime de "incandescência anormal"). A corrente de descarga é limitada a cerca de 0,5 mA, enquanto a tensão atinge 320 V no caso do Ar. Neste caso, a densidade de corrente (J) e as densidades de potência (Pd) podem ser facilmente avaliadas considerando a cavidade MDR como um cilindro. Os valores encontrados foram 0,38 A.cm$^{-2}$ e 45 kW.cm$^{-3}$, respetivamente para J e Pd. No caso do He, após a rutura, a corrente de descarga é limitada a cerca de 0,7 mA, enquanto a tensão aumenta para cerca de 320 V. Para o He, os valores aproximados de J e Pd foram 0,54 A.cm$^{-2}$ e 63 kW.cm$^{-3}$, respetivamente. Para além disso, a descarga permanece no interior da cavidade no caso SP, como se pode ver nas imagens dos gráficos correspondentes.

Em contraste, durante o funcionamento em RP, as curvas V-I mostram que a tensão de descarga aumenta muito menos na polaridade inversa e as curvas seguem um comportamento de regime quase "normal de incandescência". As imagens inseridas mostram que o plasma se espalha sobre o elétrodo catódico (níquel). No caso do Ar, podemos ver claramente o diâmetro do orifício que parece mais brilhante. J e Pd para a corrente de descarga máxima (~ 2,4 mA) foram encontrados 1,80 A.cm$^{-2}$ e 189 kW.cm$^{-3}$ respetivamente. No caso do He, Id atinge 2,6 mA (valor máximo) com uma tensão de 230 V aproximadamente. Para o He, o valor aproximado de J e Pd foi de 2,00 A.cm$^{-2}$ e 169 kW.cm$^{-3}$, respetivamente.

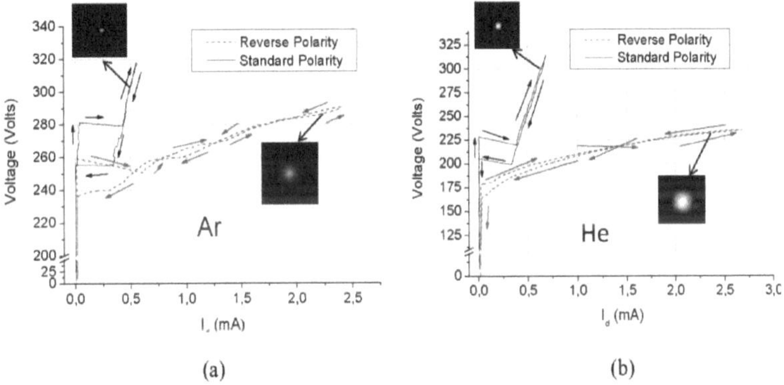


*Figura 4.1: Caraterísticas VI para um microrreator de orifício único com 150 μm de diâmetro (~ 180 μm de cavidade anisotrópica profunda) (a) em árgon (Ar) e (b) em hélio (He), a 370 Torr nas polaridades padrão e inversa.*

Durante as experiências, foram sistematicamente observados picos de corrente e tensão na configuração SP. Esses picos não foram obtidos na polaridade inversa. Estes picos são discutidos mais adiante neste capítulo. Na figura 4.1, as curvas são apresentadas após a remoção indireta destes picos através da aplicação de uma técnica de suavização de médias adjacentes para melhorar a legibilidade do gráfico (e este é o caso para a maioria das caraterísticas V-I apresentadas neste capítulo). Mais precisamente, a suavização da média adjacente foi primeiro efectuada individualmente nas formas de onda da corrente e da tensão e, em seguida, os dados médios foram utilizados para traçar as curvas V-I. Este método de cálculo da média foi escolhido, porque os picos de corrente e tensão foram encontrados em ambas as direcções do eixo Y. Assim, este tipo de média adjacente melhorou a legibilidade dos gráficos.

### 4.2.1.2   Cavidade isotrópica

A Figura 4.2 mostra as caraterísticas V-I dos casos SP e RP para um microrreator de furo único isotrópico (50 μm de diâmetro, 150 μm de profundidade). A experiência foi realizada em He a 750 Torr.

No caso SP (mostrado na figura 4.2, linha preta), semelhante ao caso anisotrópico, após a avaria, a curva VI segue um regime ligeiramente anormal. Tanto a corrente como a tensão aumentam com o aumento da tensão de alimentação. Tal como no caso da cavidade anisotrópica, a descarga permanece no interior da cavidade em SP. Para estudar o comportamento de ignição das microdescargas de furo único no caso SP, foram obtidas imagens contínuas utilizando uma câmara ICCD durante o funcionamento do plasma. A Figura 4.3 mostra um gráfico da intensidade da microdescarga versus a corrente de descarga num MDR de furo único com 50 μm de diâmetro. A intensidade foi calculada considerando o orifício do MDR e a região de propagação do plasma como um quadrado. Em seguida, a intensidade desta área quadrada foi integrada para obter uma intensidade total normalizada da área. As imagens inseridas neste gráfico mostram as imagens ICCD para MDR de furo único na ignição do plasma, no ponto de pico da ignição do plasma e no fim do plasma para correntes de descarga de 4,84, 6,04 e 3,40 mA, respetivamente. Na figura 4.3, pode ver-se claramente que a descarga permanece quase no interior da cavidade durante o regime de incandescência. Para os cálculos de J e $P_d$, a cavidade isotrópica foi considerada como um hemisfério com um raio de 75 μm. Para o valor de pico da corrente de descarga (6,5 mA, 300 V), os valores aproximados de J e Pd foram 18,41 A.cm$^{-2}$ e 2208 kW.cm$^{-3}$ , respetivamente.

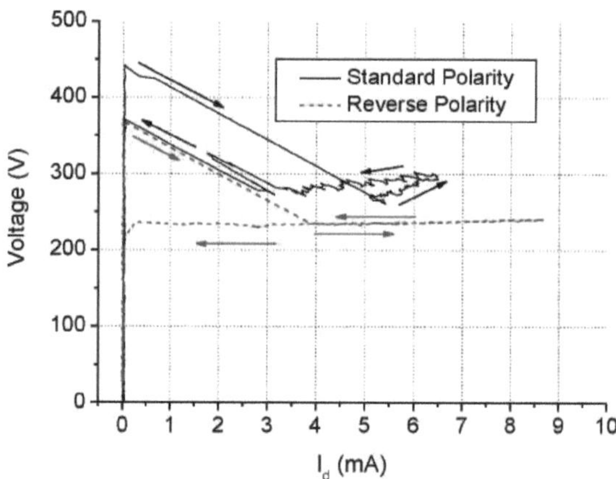


***Figura 4.2: Caraterísticas V-I para um micro-reator de orifício único com 50 μm de diâmetro (cavidade isotrópica com ~150 μm de profundidade), em hélio a 750 Torr.***

No caso do RP, à semelhança do caso anisotrópico, a corrente aumenta após a rutura a tensão constante e segue um comportamento de regime de "incandescência normal". A corrente de descarga e a intensidade total do plasma, incluindo a emissão da sua área de propagação, foram representadas na figura 4.4. A experiência foi realizada em He a 750 Torr num reator de microdescarga com 50 µm de diâmetro. Foi utilizada uma cavidade isotropicamente gravada com 150 µm de profundidade. Uma série de imagens ICCD é também mostrada na parte superior da figura, para alguns valores de corrente de descarga. A cerca de 3,80 mA, a área de propagação é de cerca de 6 x10$^{-3}$ cm$^2$. Nesta imagem, pode ver-se claramente que o brilho circundante emite fracamente à volta da cavidade. Neste caso, a $I_d$ = 8,52 mA, J e Pd são iguais a 24,13 A.cm$^{-2}$ e 2219 kW.cm$^{-3}$, respetivamente. Com este valor, a área de propagação do plasma é de 8 x 10$^{-3}$ cm$^2$ de altura. Na figura 4.4, pode ver-se claramente que a chama se espalha para fora da cavidade da microdescarga. No valor mínimo da corrente de descarga (1,08 mA) e imediatamente antes da extinção do plasma, observa-se uma intensidade de plasma muito baixa, concentrada no interior do orifício da MDR.

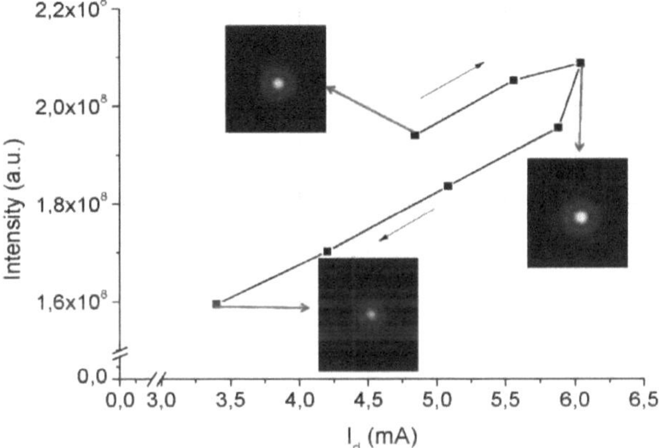

*Figura 4.3: Gráfico de intensidade vs. corrente de descarga (Id) de microdescarga para um MDR de furo único no caso SP (50 µm de diâmetro e ~ 150 µm de cavidade isotrópica profunda) a 750 Torr em He. As imagens ICCD inseridas mostram a operação de descarga dos MDRs perto dos pontos de ignição, pico e fim. (Nota: as imagens têm cor falsa).*

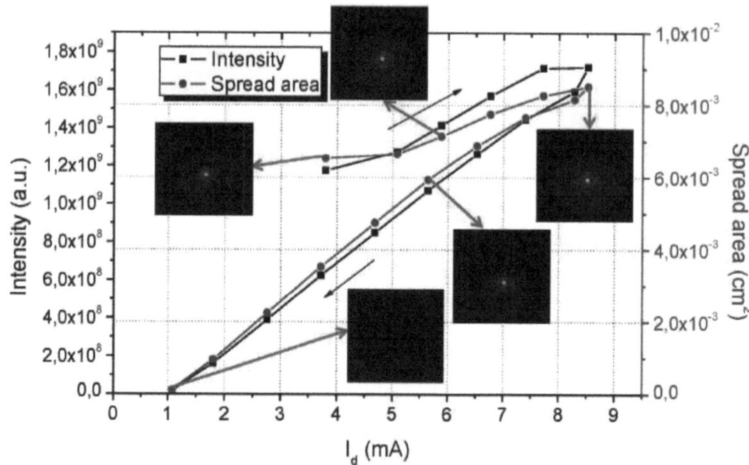

*Figura 4.4: Intensidade e respectiva área de propagação do plasma vs. corrente de descarga para um reator de microdescarga de orifício único (50 μm de diâmetro e ~150 μm de profundidade de cavidade isotrópica) em He a 750 Torr a funcionar em RP. Figura: Imagens ICCD em RP obtidas com diferentes valores de corrente (Nota: as imagens têm cor falsa).*

Como se observa na figura 4.4, a curva da intensidade total do plasma acompanha a corrente de descarga. Figura4.5, (a) mostra a relação entre a intensidade do plasma e a área de dispersão do plasma calculada. Pode ver-se que a intensidade do plasma varia linearmente com a área de dispersão, tanto para a rampa de corrente crescente como para a rampa de corrente decrescente. Além disso, foram calculadas as densidades de corrente relacionadas com a área de dispersão do plasma, como mostra a figura 4.5 (b). A partir deste gráfico, é evidente que a densidade da corrente permanece constante com a área de dispersão do plasma. Note-se que, neste gráfico, os pontos de dados próximos da ignição e da extinção do plasma não são apresentados.

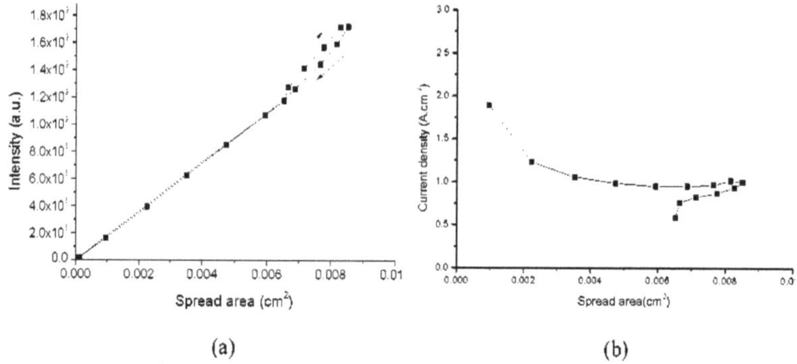

(a)

(b)

*Figura 4.5: (a) Área de propagação do plasma ns. intensidade normalizada da área e (b) densidade de corrente da microdescarga vs. área de propagação do plasma.*

Em resumo, a análise das curvas V-I e as imagens ICCD mostram o aumento da corrente com a propagação do plasma na superfície do cátodo. Se dividirmos a corrente de descarga pela área de propagação do plasma, obtemos uma densidade de corrente bastante constante, o que é consistente com o regime de incandescência normal.

### 4.2.1.3  Cavidade de furo passante

Esta subsecção apresenta as caraterísticas V-I de um reator de microdescarga de furo único com uma cavidade de furo passante do ânodo ao cátodo. Neste caso, o ataque anisotrópico foi efectuado utilizando o chamado processo STiGer, perfurando um orifício de passagem na superfície de Si com 500 μm de espessura. Utilizou-se a técnica de ataque com iões reactivos profundos (DRIE) a -110 °C, como explicado no segundo capítulo. A gravação foi efectuada durante 120 minutos para obter um orifício de passagem de silício no substrato. O diâmetro da cavidade era de 150 μm. A Figura 4.6 apresenta as caraterísticas V-I da microdescarga do furo passante em He a 200 Torr em SP e RP. No caso de SP, a corrente segue um comportamento normal do regime de incandescência. Mais uma vez, a corrente aumenta com uma tensão de descarga constante. Esta curva é semelhante à obtida com a microdescarga de cavidade isotrópica a funcionar em RP (figura 4.2). A descarga pode espalhar-se pela superfície catódica (isto é, a superfície de silício). Aqui, a corrente de descarga $I_d$ sobe até ao valor aproximado de 6,5 mA com uma tensão de 225 V. Assim, considerando esta cavidade como um cilindro, a densidade de corrente e a densidade de potência foram calculadas e eram iguais a 2,4 A.cm$^{-2}$ e 165 kW.cm$^{-3}$, respetivamente. No caso da RP, a curva V-I também segue um regime quase "normal glow" como no caso anterior.

Em ambos os casos, SP e RP, para esta amostra de furo passante, uma corrente estava a fluir através do dispositivo antes da avaria e não se via plasma. Esta fuga de corrente foi causada pelos orifícios microscópicos presentes na camada de SiO2. Estes orifícios resultam do tratamento da camada de SiO2 com uma solução forte de HF, como explicado no capítulo 2.

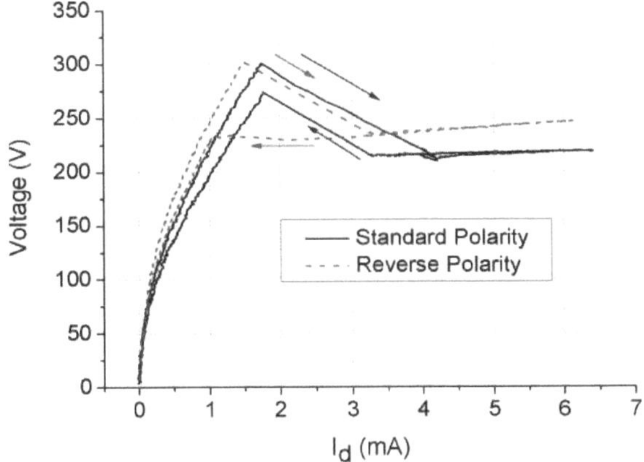



*Figura 4.6: Caraterísticas VI para uma microdescarga de furo passante simples com 150 μm de diâmetro funcionando com gás hélio a 200 Torr.*

### 4.2.1.4 Discussão sobre dispositivos de furo único

De facto, o comportamento das curvas V-I obtidas com os nossos dispositivos pode ser explicado com a ajuda da figura 4.7. No caso SP (figura 4.7 (a)), a área catódica é limitada, uma vez que a cavidade de silício que corresponde ao cátodo está fechada. Neste caso, as descargas não podem expandir-se na área catódica com o aumento da corrente. Assim, o regime de "brilho anormal" é obtido para o caso SP como explicado na ref *[Duf-08]*. No caso isotrópico (figura 4.2), o mesmo fenómeno aparece. A única diferença que pode ser notada é a área de superfície, que é maior no caso isotrópico, de modo que uma corrente ligeiramente mais alta pode ser alcançada. A distância interelectrodos é também maior no caso isotrópico.

O caso da cavidade de furo passante é diferente (figura 4.6). Neste caso, a descarga deixa de estar limitada pela cavidade catódica fechada. Assim, a descarga pode expandir-se na superfície do cátodo fora da cavidade cilíndrica e ter um comportamento semelhante ao caso da RP, como se explica no parágrafo seguinte.

A Figura 4.7 (b) mostra o comportamento do plasma para o caso RP. Em RP, a área do cátodo não é limitada. A microdescarga pode espalhar-se por ela, enquanto a corrente aumenta sem que seja necessário um aumento da densidade da corrente no lado do cátodo. Como resultado, obtém-se um regime de incandescência normal *[Iza-08, Duf-08]*.

Por vezes, a propagação do plasma no cátodo de níquel era também limitada pelo limite do fotorresiste no caso do RP e proporcionava também uma área limitada do cátodo. Um exemplo disto

O caso de RP pode ser visto na figura 4.1 (a) e (b) no caso de RP. Neste caso, obteve-se um ligeiro aumento da tensão de descarga.

No caso isotrópico (figura 4.2), a camada de fotorresiste foi removida com acetona antes do funcionamento do MHCD. Assim, neste caso, o plasma podia expandir-se para fora da cavidade sem qualquer limitação de superfície, razão pela qual pudemos observar um regime normal perfeito, em que a corrente aumenta com uma tensão de descarga constante (mostrado na figura 4.2 para o caso RP).

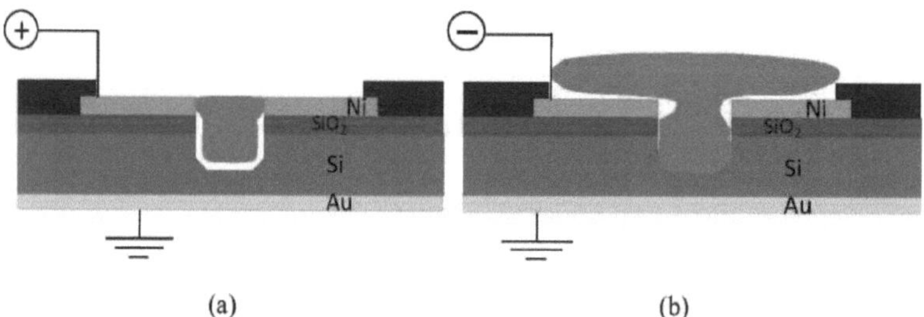


*Figura 4.7: Comportamento das microdescargas em (a) Polaridade Normal (SP) e (b) em Polaridade Inversa (RP).*

## 4.2.2 Discriminação *(Vbr)*

O estudo da tensão de rutura (Vbr) para diferentes configurações de orifício único foi efectuado tendo em conta as caraterísticas V-I, tal como referido nos parágrafos anteriores. Foi estudada a influência de diferentes parâmetros, nomeadamente a pressão, a forma da cavidade, a profundidade da cavidade e a configuração da polaridade.

### 4.2.2.1 Efeito da polaridade e do tipo de gás

A partir da figura 4.1 e da figura 4.2, pode notar-se que a tensão de rutura é mais elevada no caso SP (225 e 440 V para He) do que no caso RP (175 e 360 V para He). No entanto, na figura 4.3, a tensão de rutura em ambos os casos parece ser a mesma. Em geral, verifica-se que a tensão de rutura é mais elevada na configuração SP do que na RP. No entanto, por vezes, também se pode observar um comportamento oposto, em que a tensão de rutura na RP é mais elevada do que no caso da SP. A Figura 4.8 mostra um exemplo deste tipo. Corresponde a uma cavidade anisotrópica simples com 100 µm de diâmetro e 150 µm de profundidade. Neste caso, as microdescargas estão a funcionar em He a 500 Torr. A partir das caraterísticas V-I apresentadas na figura 4.1, pode ver-se que a tensão de rutura é mais elevada em árgon do que em hélio *[Kul-12]*.

A inversão de polaridade não só altera a configuração geométrica da descarga, como também altera o material do cátodo. O principal fator responsável pela alteração da tensão de rutura parece ser o material da superfície do cátodo. É bem conhecido que o material do cátodo e a topografia do elétrodo afectam a tensão de rutura *[Sch-12]*. Além disso, por vezes, a gravação não uniforme da cavidade ou os defeitos da cavidade podem levar a uma alteração da tensão de rutura nos dispositivos MDR *[Sch-12]*.

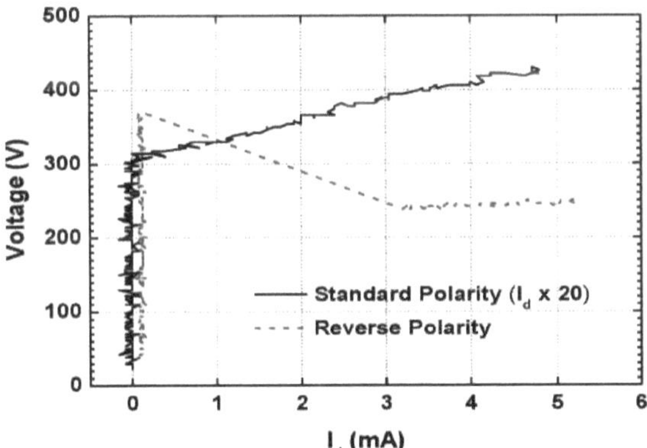


*Figura 4.8: Caraterísticas V-I para um reator de microdescarga de furo único a funcionar em He a 500 Torr (cavidade anisotrópica de 100 µm de diâmetro e 150 µm de profundidade) para as polaridades inversa (linha tracejada vermelha) e padrão (linha sólida preta).*

De facto, o coeficiente de emissão secundária γ do material tem um impacto significativo na tensão de rutura *[Nad-96]*. A rugosidade da superfície da camada de níquel e da cavidade de silício também influencia a emissão de electrões e, consequentemente, a tensão de rutura. De facto, a topografia da superfície do cátodo evolui com o tempo de funcionamento e pode dar resultados diferentes das primeiras experiências. Uma superfície rugosa de um micro-reator usado pode aumentar a emissão de electrões da superfície do cátodo através da emissão de campo, reduzindo assim a tensão de rutura.

Resumindo, a $v_{br}$ é normalmente mais elevada quando o cátodo corresponde ao lado do silício e é também mais elevada no árgon do que no hélio para a mesma pressão.

### 4.2.2.2 Efeito da pressão

Nesta parte, é mostrado o efeito da pressão do gás na tensão de rutura. As caraterísticas V-I foram obtidas para pressões que variam de 100 a 1000 Torr.

### Diâmetro da cavidade

Em primeiro lugar, são apresentados resultados que mostram o efeito da pressão na tensão de rutura para dois orifícios simples com diferentes diâmetros de cavidade (100 e 150 μm). A experiência foi realizada com cavidades de 150 μm de profundidade gravadas anisotropicamente. A Figura 4.9 mostra as tensões de rutura versus pressão para dois diâmetros de cavidade diferentes (100 e 150 μm) na polaridade padrão.

Como observado neste gráfico, é necessária uma tensão de rutura mais elevada para o MDR de 100 μm de diâmetro em comparação com o MDR de 150 μm de diâmetro. Este foi o caso tanto para as configurações SP como RP. O gráfico para cada cavidade segue uma curva semelhante à de Paschen. Note-se que, no nosso caso, é difícil determinar a distância interelectrodos (d), uma vez que não utilizamos eléctrodos de placas paralelas. Assim, os gráficos de mostram a tensão de rutura em função da pressão.

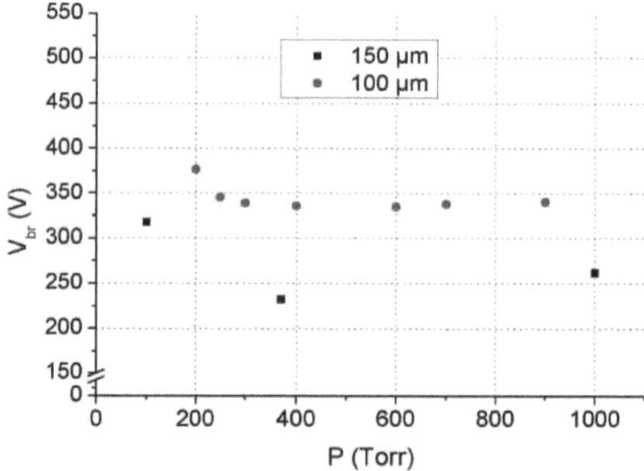


*Figura 4.9: Tensão de rutura (v_br) vs. pressão para diferentes diâmetros: 100 μm e 150 μm para um reator de microdescarga de furo único no caso SP.*

**Profundidade da cavidade**

Nesta parte, discute-se o efeito da profundidade da cavidade na tensão de rutura. A Figura 4.10 mostra o gráfico da tensão de rutura versus pressão para duas profundidades de cavidade diferentes. Foram utilizados MDRs de furo único com 150 μm de diâmetro. As cavidades foram gravadas anisotropicamente. Para um MDR, a cavidade foi fechada e gravada até ~ 180 μm. Para o outro MDR, a amostra foi gravada através do silício (~ 500 μm). A partir da figura 4.10, pode ver-se que não existe grande diferença entre as tensões de rutura da cavidade com orifício de passagem e da cavidade catódica limitada a 180 μm de profundidade.

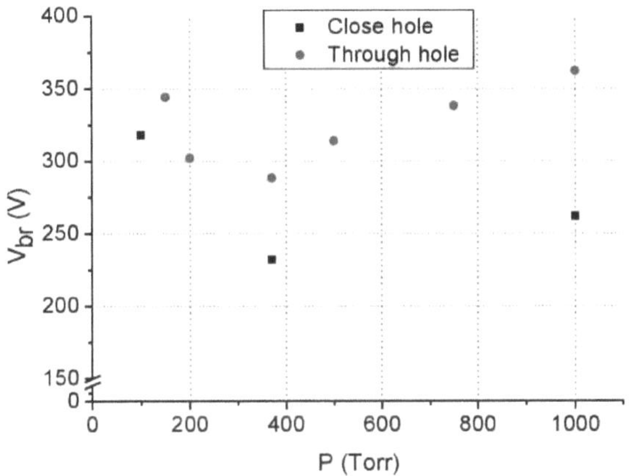


*Figura 4.10: Tensão de rutura vs. pressão para diferentes profundidades de cavidade (L) de 180 μm e 500 μm (furo passante), para dispositivos de furo único com 150 μm de diâmetro no caso SP.*

## 4.2.3 Histerese

Nesta secção, o efeito de histerese é apresentado para MDRs de furo único. Nas nossas experiências, podemos observar dois tipos diferentes de efeitos de histerese. O primeiro é obtido entre o regime de Townsend e a incandescência normal. *O primeiro é obtido entre o regime de Townsend e o regime normal de incandescência.* É observado a baixa pressão em experiências de descarga DC: quando se diminui a corrente, a descarga mantém-se no regime de incandescência até um ponto de valor consideravelmente mais baixo e só depois faz uma transição de volta ao regime de Townsend *[Rot-95]*. Em regime de incandescência anormal, ao diminuir a corrente, a tensão de descarga foi encontrada mais alta do que a obtida ao aumentar a corrente *[Duf-08]*.

A figura 4.11 mostra as caraterísticas V-I de um MDR de furo único com 50 μm de diâmetro (~ 150 μm de cavidade isotrópica profunda) em hélio, a 300 Torr, nas polaridades normal e inversa. Este gráfico mostra os dois tipos de efeitos de histerese. No caso RP, a curva apresenta um comportamento semelhante ao do primeiro tipo de histerese. Neste caso, a tensão de rutura é mais elevada, com um valor de cerca de 325 V, em comparação com a tensão próxima do ponto de extinção do plasma (~225 V). No caso do SP, pode observar-se o segundo tipo de efeito de histerese. Neste caso, após a rutura, a tensão de descarga aumenta com a corrente e a curva de histerese segue um sentido contrário ao dos ponteiros do relógio. Um tipo semelhante de efeito de histerese foi observado noutros tipos de MDRs de furo único (por exemplo: cavidade anisotrópica, cavidade de furo passante...).

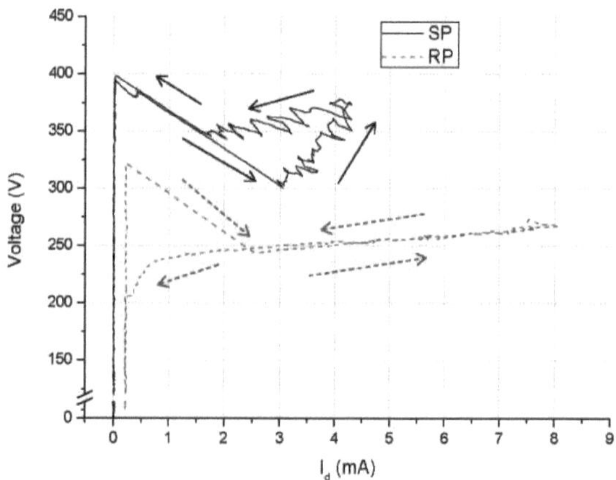


*Figura 4.11: Caraterísticas VI para um microrreactor de orifício único com 50 µm de diâmetro (cavidade isotrópica com ~ 150 µm de profundidade) em hélio a 300 Torr, nas polaridades padrão e inversa.*

Como explicado na ref. *[Duf-08]*, o declive V-I entre a tensão de rutura e a tensão de descarga de funcionamento depende da resistência de lastro. Assim, o primeiro efeito de histerese observado nas nossas curvas depende da resistência de lastro. O segundo tipo de histerese pode ser devido ao aquecimento do gás, reforçado pela área limitada do cátodo. De acordo com T. Dufour ref. *[Duf-08]*, ao reduzir o tempo de funcionamento para 1 s, a histerese torna-se muito mais fraca durante os primeiros ciclos. A histerese pode também ser atribuída a um tempo de relaxamento térmico ou a outros processos lentos. O tempo de relaxamento térmico dependerá da condutividade térmica do gás e do material do microdispositivo *[Duf-10]*.

### 4.2.4   Simulações

As simulações para um MDR de furo único foram realizadas em colaboração com a equipa de L. Pitchford, no laboratório de Laplace em Toulouse. Estas simulações foram realizadas por Laurent Schwaederle, um antigo investigador de pós-doutoramento da nossa equipa. Estudos de simulação semelhantes foram efectuados pelo nosso grupo para as amostras à base de alumina no âmbito do trabalho de doutoramento realizado por Thierry Dufour *[Duf-09]*.

A modelização de microplasmas pode seguir duas abordagens, que diferem na forma de calcular os termos de origem dos electrões e iões. A primeira é uma abordagem híbrida (fluido e Monte

Carlo) que utiliza as três primeiras equações de Boltzmann (conservação das partículas, conservação do momento e conservação da energia) e uma simulação de Monte Carlo para determinar o termo fonte. A segunda abordagem consiste na utilização de um modelo de fluido. Esta abordagem foi selecionada para estas simulações. Esta abordagem de modelo de fluido foi utilizada porque é rápida e permite compreender as principais tendências envolvidas nas microdescargas. As simulações foram efectuadas com o software GDSim (Glow Discharge Simulation), desenvolvido por J.P. Boeuf e L. Pitchford *[Boe-95]*.

### 4.2.4.1  Descrição

O modelo utilizado neste estudo foi um modelo multi-fluido auto-consistente bidimensional (axissimétrico) na aproximação deriva-difusão. Além disso, devido às elevadas densidades de potência (100 kW-cm$^{-3}$), espera-se que os efeitos de aquecimento do gás sejam importantes na microdescarga. Para o modelo, foram utilizadas diferentes equações.

- A equação de continuidade para as densidades iónicas e electrónicas de todas as espécies

$$\begin{cases} \dfrac{\partial n_e}{\partial t} + \vec{\nabla}\left(\vec{\Gamma}_e\right) = S_e \\[2mm] \dfrac{\partial n_i}{\partial t} + \vec{\nabla}\left(\vec{\Gamma}_i\right) = S_i \end{cases} \qquad (4.1)$$

em que $n_e$ e $n_i$ são, respetivamente, a densidade de electrões e a densidade de iões, $\Gamma_{(p)}$ é a densidade de fluxo difusivo da espécie p e $S_p$ é a taxa de geração de espécies em fase gasosa.

- A equação da conservação do momento na aproximação do coeficiente de difusão por deriva

$$\begin{cases} \vec{\Gamma}_e = -n_e\mu_e\vec{E} - D_e\vec{\nabla}n_e \\[2mm] \vec{\Gamma}_i = +n_i\mu_i\vec{E} - D_i\vec{\nabla}n_i \end{cases} \qquad (4.2)$$

em que $\mu_p$ e $D_p$ são os coeficientes de mobilidade e de difusão (coeficientes de transporte) da espécie p.

- A equação da conservação da energia para a energia média do eletrão

$$\frac{\partial}{\partial t}\left(n_e.\varepsilon_e\right) + \vec{\nabla}.\vec{\Gamma}_{c,e} + \frac{2}{3}n_e\varepsilon_e\vec{\nabla}.\vec{v} + \vec{\nabla}\vec{q} = S_{c,e} \qquad (4.3)$$

- A equação de Poisson para o potencial elétrico auto-consistente na descarga

$$\nabla.V = -\frac{e}{\epsilon_0}\left(n_i - n_e\right) \qquad (4.4)$$

- A equação térmica para o cálculo da temperatura do gás.

$$\frac{\partial(\rho c_v T_g)}{\partial t} - \vec{\nabla}\kappa\vec{\nabla}T_g = H \tag{4.5}$$

em que $H$ é a energia depositada no gás pelos electrões e iões.

Mais pormenores sobre o modelo podem ser encontrados nas referências *[Boe-95, Duf-10, Duf-09]*.

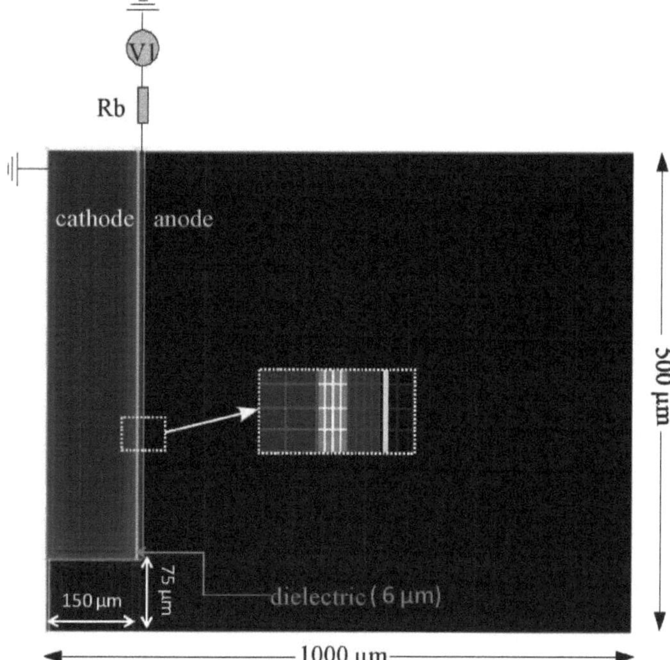



***Figura 4.12: Esquema da geometria da cavidade do reator de microdescarga simulado e da grelha computacional.***

O domínio computacional é apresentado na figura 4.12 para a geometria da cavidade do reator de microdescarga simulada. Tem 500 µm de largura na direção radial e 1000 µm de comprimento na direção axial. As equações do modelo foram resolvidas numa cavidade cilíndrica axissimétrica com um malha numérica retangular não uniforme. Como se mostra na figura 4.12, a resolução foi adaptada às regiões do domínio computacional com uma malha fina nas regiões de interesse: isto é, a cavidade. As equações diferenciais foram resolvidas espacialmente utilizando uma técnica de volumes finitos. Para estas simulações, foram adoptadas algumas hipóteses, como se indica a seguir:

(1)   O pressuposto contínuo necessário para a abordagem fluida é suposto ser válido, o que é

razoável tendo em conta a gama de pressões de funcionamento (100's Torr) e as dimensões (~ 100 μm). A 500 Torr e 300 K, o caminho livre médio dos electrões no hélio é da ordem de alguns micrómetros, o que é inferior às escalas de comprimento do gradiente da descarga. As simulações foram efectuadas para um diâmetro de microdescarga de 150 μm.

(2) Assume-se que os coeficientes de transporte de electrões e os coeficientes de velocidade das reacções de impacto de electrões são função da energia média local dos electrões, o que requer a resolução da equação do balanço energético médio dos electrões .

(3) Na polaridade normal, o cátodo de silício é considerado como um condutor perfeito nas simulações.

(4) No modelo de transporte de calor, o termo fonte é devido ao calor depositado localmente pelos iões na bainha. A fração da energia depositada é assumida como sendo de 25 %. O termo da fonte de aquecimento do gás inclui tanto correntes de iões como de electrões, mas a contribuição dos iões é de longe dominante. O cálculo do aquecimento do gás causado pela corrente iónica na bainha exigiria uma simulação de Monte Carlo dos iões e das espécies neutras rápidas na bainha. Esta estimativa de 25% é dada por Revel et al. *[Rev-00]*, que mostraram que, no caso de uma descarga luminescente em árgon numa gama de condições, 75% da energia total dos iões na bainha do cátodo é depositada diretamente no cátodo e 25% é convertida em aquecimento do gás na bainha. Além disso, as superfícies do cátodo e do dielétrico foram assumidas como estando a uma temperatura constante de 300 K. Uma camada limite térmica é incluída como condição de fronteira no cálculo *[Ser-97]*.

Os coeficientes de transporte e os coeficientes de taxa para o hélio foram determinados utilizando o solucionador BOLSIG+, que resolve a equação de Boltzmann a partir de dados da secção transversal de colisão *[Hag-05]*. Posteriormente, os termos de fonte $S_e$, $S_i$ e $S_{e,e}$ foram resolvidos com o solver GDSim usando os dados obtidos do solver BOLSIG+. Para o transporte de electrões, foi tida em conta a emissão de electrões secundários da superfície por impacto iónico e metaestável. O coeficiente de emissão de electrões secundários foi fixado em $\gamma+ = 0,25$ para os iões e $\gamma* = 0,15$ para os metaestáveis. Para o potencial elétrico, foi implementado no modelo um circuito elétrico que incorporava a resistência de lastro em série (Rb = 39 kΩ) entre a tensão de alimentação e o cátodo. Foi aplicada uma tensão contínua constante. A tensão nas superfícies dos eléctrodos foi determinada pelo fluxo de corrente através da descarga e pela lei de Ohms. Podem ser estabelecidos diferentes níveis de corrente na descarga, alterando a resistência de balastro ou a tensão de alimentação.

### 4.2.4.2 Química do plasma

Para as simulações, foi considerado um plasma de hélio puro. Seis espécies diferentes são consideradas para este modelo: electrões (e), iões de hélio (He+), átomos de hélio metaestáveis (He*), iões diméricos ($He_2^+$), átomos diméricos metaestáveis ($He_2*$) e átomos de hélio de fundo (He). Como se mostra na Tabela 4.1, foram utilizados mecanismos de reação de alta pressão com hélio puro *[Kot-05]*. As reacções incluídas foram a ionização direta por impacto de electrões (1), a ionização por etapas (2 e 3), a excitação direta por impacto de electrões (4), a extinção de metaestáveis (5), a recombinação dissociativa (6), a ionização por Penning (7), a conversão de três corpos de metaestáveis (8) e iões (9) em dímeros correspondentes. Mais pormenores sobre as reacções podem ser encontrados na referência *[Kot-05]*.

| S.No. | reaction |
|:---:|:---:|
| | electron impact ionisation |
| (1) | $e + He \rightarrow He^+ + e + e$ |
| (2) | $e + He^{''} \rightarrow He^+ + e + e$ |
| (3) | $e + He_2^* \rightarrow He_2^* + e + e$ |
| | electron impact excitation |
| (4) | $e + He \rightarrow He^* + e$ |
| | metastable quenching |
| (5) | $e + He^{''} \rightarrow He + e$ |
| | dissociative recombination |
| (6) | $e + He_2^+ \rightarrow He^* + He$ |
| | Penning ionisation |
| (7) | $He^* + He^* \rightarrow He^+ + He + e$ |
| | three-body collisions |
| (8) | $He^* + He + He \rightarrow He_2^* + He$ |
| (9) | $He^+ + He + He \rightarrow He_2^+ + He$ |

*Tabela 4.1: Química do plasma de hélio puro no presente estudo.*

### 4.2.4.3 Resultados e discussões

As simulações foram efectuadas considerando uma pressão de 500 Torr de He num MDR de 150 μm de diâmetro. A camada dieléctrica e o elétrodo superior tinham ambos 6 μm de espessura. Foram simuladas microdescargas em cavidades de 70 e 150 μm de profundidade. Aqui, apenas são apresentados os resultados para a cavidade de 150 μm de profundidade. Na simulação, o cátodo foi mantido a 0 V e a tensão do ânodo variou de 200 a 500 V. A densidade inicial de electrões foi de $10^{-4}\,cm^{-3}$, que é o valor mínimo necessário para iniciar a ionização do gás. Com uma resistência de lastro de 39 kΩ em polaridade normal e para $I_d$= 1,2 mA, a tensão de descarga foi de 150 V; e para $I_d$ = 5,3 mA, a tensão de descarga foi de 188 V.

$I_d = 1.2$ mA

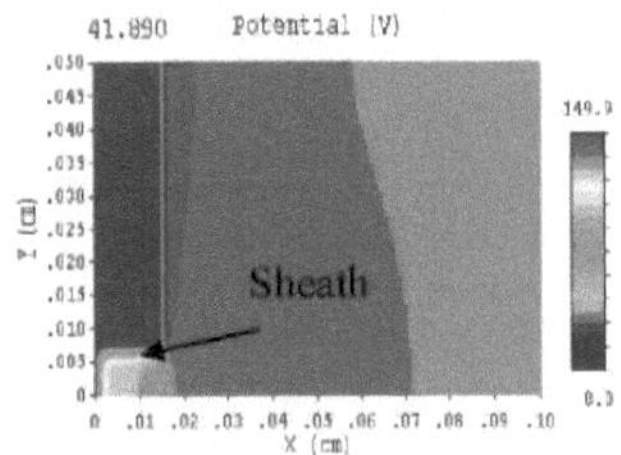


(a)

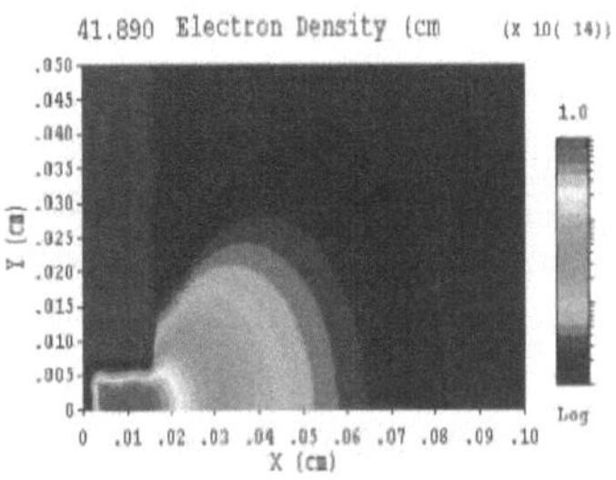

(b)

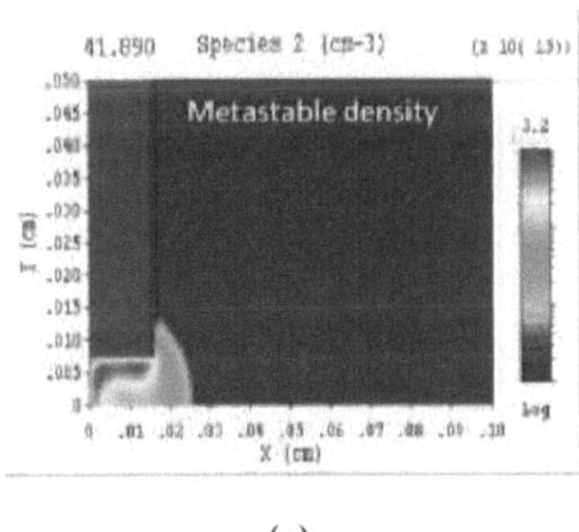


(c)

$I_d = 5.3$ mA

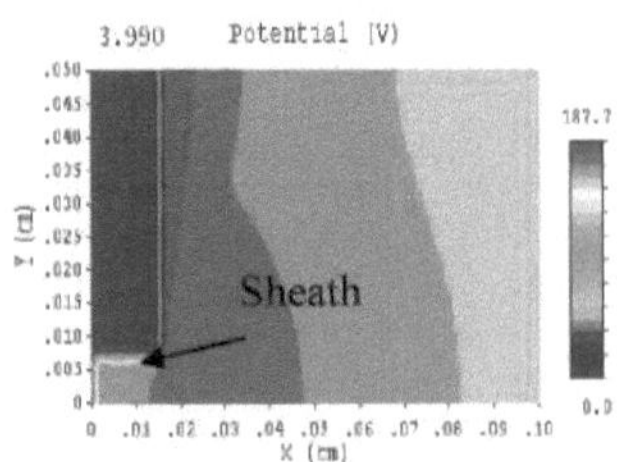


(a1)

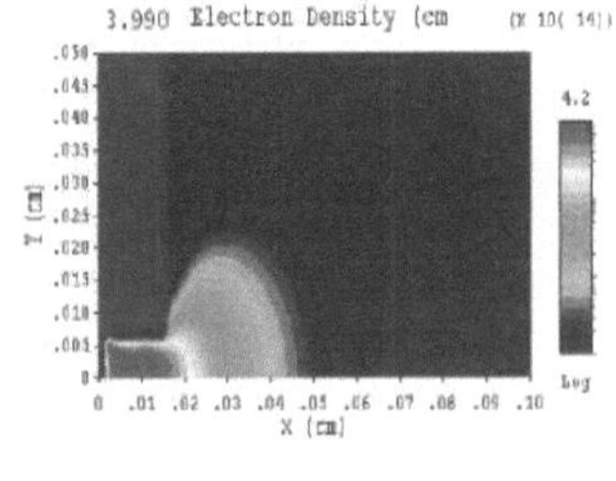

(b1)

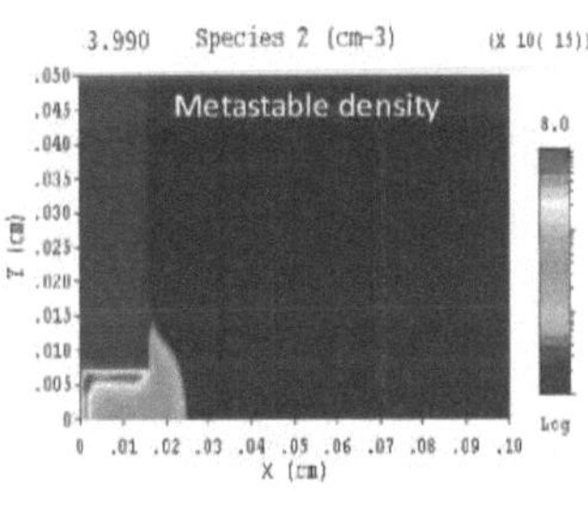


(c1)

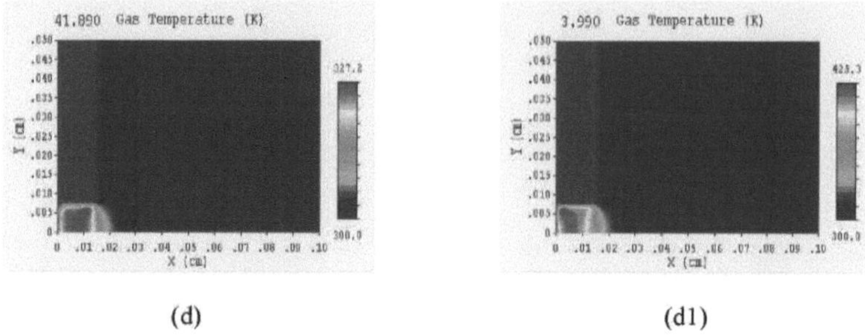

(d)            (d1)

*Figura 4.13: Resultados da simulação para uma cavidade de 150 μm de profundidade com 150 μm de diâmetro a 500 Torr He; (a) e (a1) Distribuição do potencial, (b) e (b1) Distribuição da densidade de electrões, (c) e (c1) Distribuição da densidade metastável, (d) e (d1) Distribuição da temperatura do gás para $I_d$ de 1.2 e 5,3 mA, respetivamente.*

A figura 4.13 mostra a comparação dos resultados da simulação GDSim para duas correntes. Na figura 4.13 (a) e (a1), a formação da bainha de descarga pode ser vista como indicado. Verifica-se que a área da bainha é maior para $I_d$ = 1,2 mA do que para $I_d$ = 5,3 mA. O máximo da densidade de electrões (figura 4.13 (b) e (b1)) é da ordem de $10^{14}$ cm$^{-3}$. Para $I_d$ = 1,2 e $I_d$ = 5,3 mA, a densidade máxima de electrões atinge 1,0 x $10^{14}$ e ~ 4,2 x $10^{14}$ cm$^{-3}$. A densidade metaestável (espécie 2 na figura 4.13 (c) e (c1)) é da ordem de $10^{15}$ cm$^{-3}$ em ambos os casos. A temperatura do gás tem um valor máximo de 325 K para $I_d$ = 1,2 mA e de 425 K para $I_d$ = 5,3 mA (figura 4.13 (d) e (d1)).

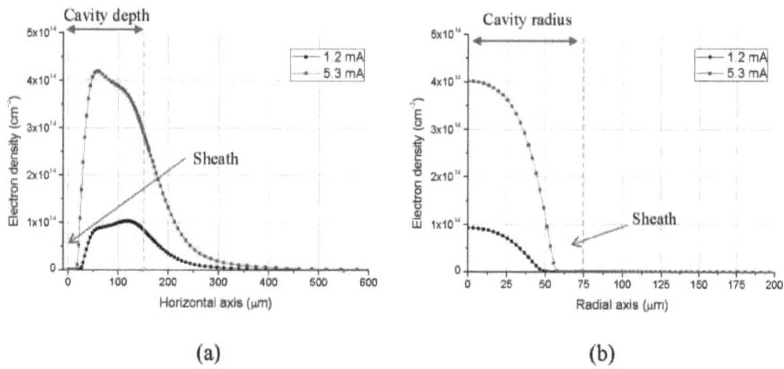

(a)            (b)

*Figura 4.14: Densidade de electrões para correntes de descarga de 1,2 e 5,3 mA, (a) ao longo do eixo longitudinal e (b) ao longo do raio da cavidade a meio da sua profundidade.*

Os perfis de densidade de electrões ao longo do eixo longitudinal e ao longo do raio da cavidade são apresentados na figura 4.14 (a) e (b), respetivamente. Como se observa na figura 4.14 (a), para $I_d$ = 5,3 mA, a densidade de electrões começa a aumentar acentuadamente em x = 18 μm, o

90

que dá uma ideia da espessura da bainha. O máximo da densidade de electrões é atingido em x = 60 µm. Ao longo do raio, (figura 4.14 (b)), a densidade eletrónica atinge o seu valor máximo perto do centro da cavidade. Neste caso, a espessura da bainha também é igual a 18 µm ao longo do raio no meio da cavidade. Uma tendência semelhante é observada para $I_d$ = 1,2 mA, com uma espessura aproximada da bainha de 27 µm.

De facto, a redução da espessura da bainha a uma corrente mais elevada pode ser explicada com base na bainha de colisão da matriz *[Lie-05, Rot-95]*. A espessura da bainha de colisão matricial pode ser expressa como:

$$S = \sqrt{\frac{2.\varepsilon_0.V_s}{e.n_i}} \qquad (4.6)$$

em que $\varepsilon_0$ é a permissividade dieléctrica do vácuo, Vs é a queda de tensão na bainha, e é a carga eletrónica e $n_i$ é a densidade de iões. Para uma determinada pressão de gás, a espessura da bainha de colisão em função da mobilidade reduzida dos iões pode ser expressa como

$$S = \frac{2\mu_i}{v_i}.V_s \qquad (4.7)$$

em que $\mu_i$ é a mobilidade reduzida dos iões e $v_i$ é a velocidade dos iões a uma dada pressão. Se A é a área da cavidade cilíndrica e $\gamma_{se}$ é o coeficiente de emissão de iões secundários, então a corrente de descarga pode ser escrita utilizando as equações (4.6) e (4.7):

$$I_d = A \left( \frac{2\varepsilon_0 V_s}{S^2} \right)\left( \mu_i \frac{2V_s}{S} \right)(1 + \gamma_{se}) \qquad (4.8)$$

Utilizando esta equação (4.8), a tensão da bainha em função da espessura da bainha pode ser dada pela equação (4.4):

$$V_s = \sqrt{\frac{I_d.S^3}{(4.\varepsilon_0.\mu_i.A)(1 + \gamma_{se})}} \qquad (4.9)$$

A partir desta relação, a espessura da bainha (S) pode ser expressa como uma relação entre a tensão da bainha (vs) e a corrente de descarga (Id):

$$S = \left[ \frac{V_s^2}{I_d}.(4.\varepsilon_0.\mu_i.A)(1 + \gamma_{se}) \right]^{1/3} \qquad (4.10)$$

Assim, a partir da equação (4.1q), a uma dada pressão, é possível calcular a espessura da bainha para uma determinada tensão de bainha e corrente de descarga. Na tabela 4.2, as espessuras de bainha calculadas utilizando a equação (4.10) para as correntes de descarga de 1,2 e 5,3 mA são comparadas com os resultados das simulações. Para os cálculos, $\gamma_{se}$ é considerado como 0,25 e a área da cavidade cilíndrica é considerada como 7,06 x $10^{-8}$ $m^2$. A mobilidade iónica reduzida (pi) é deduzida para uma pressão de 500 Torr He a partir dos dados fornecidos por H. W. Ellis na ref.

[Ell-76]. *[Ell-76].*

| $I_d$ (mA) | $V_s$ (V) | Simulated sheath thickness ($\mu$m) | Calculated sheath electric field (V/cm) | $\mu_i$ (cm²/V/s) | Calculated sheath thickness ($\mu$m) |
|---|---|---|---|---|---|
| 1.2 | 125 | 27 | 3.68E+04 | 9.6 | 37 |
| 5.3 | 165 | 18 | 7.38E+04 | 7.0 | 27 |

***Tabela 4.2: Comparação da espessura da bainha simulada e calculada para diferentes Id:***

A espessura da bainha simulada e a calculada têm a mesma ordem de grandeza. A densidade metaestável para $I_d$ = 5,3 mA é maior ($\sim$ 8,0 x $10^{15}$ cm³) em comparação com a densidade para $I_d$ =

1.2 mA ($\sim$ 3,2 x $10^{15}$ cm³). A baixa $I_d$, os metaestáveis estão distribuídos numa área maior da cavidade. A uma corrente mais elevada, os metaestáveis estão mais concentrados perto da bainha no interior da cavidade. Isto pode ser o efeito da maior densidade de electrões obtida com uma corrente mais elevada.

### 4.2.5 Medições de temperatura neutra

A temperatura do gás pode ser determinada medindo a temperatura de rotação (Trot) do azoto. Para as medições, utiliza-se a pequena fração de azoto presente na câmara de gás. Mas, por vezes, para facilitar as medições, pode ser adicionada uma quantidade muito pequena de azoto gasoso ao gás de trabalho. De acordo com a ref. [*Lau-03*], a Trot é próxima da temperatura do gás porque a relaxação rotacional é rápida a altas pressões (cerca da pressão atmosférica). Especificamente, a temperatura rotacional do azoto pode ser determinada através da análise da estrutura espacial de duas bandas rovibracionais do segundo sistema positivo (transição $C\,^{(3)}_{\Pi(u)} \wedge \,^{B\,(3)}_{\Pi(g)}$). Estas duas bandas são as seguintes:


- A banda a 3755,4 A, entre os níveis vibracionais v = 1 e v '= 3.

- A banda em 3804,9 A, entre os níveis vibracionais v = 0 e v '= 2.


Assim, para deduzir a temperatura do gás no interior da cavidade do Si MDR, foi realizada a espetroscopia de emissão ótica (OES) utilizando um espetrómetro TRIAX 550. Com a OES, é possível traçar o perfil das duas bandas, ou seja, a intensidade da luz emitida em função do comprimento de onda. Para estas medições, foi utilizado o MDR de furo único passante. O diâmetro da cavidade era de 150 μm. O plasma foi inflamado em He a 370 Torr. A luz de descarga proveniente do lado do ânodo (lado do elétrodo de Ni) do MDR foi focada na fenda de entrada do espetrómetro, como explicado no capítulo 2. Foram registados espectros de emissão rovibracional para diferentes correntes de descarga, para a segunda banda de 3804,9 A (Figura 4.15).

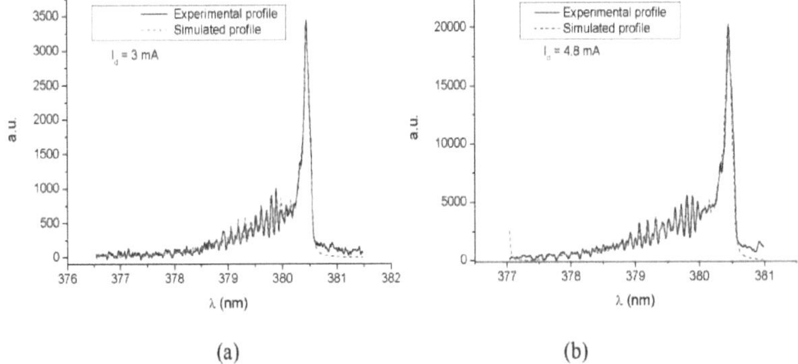



*Figura 4.15: Espectros de emissão rovibracional obtidos com OES (linha sólida preta) e espectros simulados (linha tracejada vermelha) para correntes de descarga (Ids) de (a) 3 mA e (b) 4,8 mA para um MDR de orifício passante com diâmetro de 150 µm a 370 Torr He.*

Em seguida, os espectros experimentais rovibracionais obtidos foram simulados utilizando o software caseiro para determinar a temperatura do gás das cavidades MDR. Note-se que este software foi criado por V. Schulz-von der Gathen em RUB, Bochum, Alemanha. A Figura 4.15 (a) e (b) mostram os espectros experimentais (linha sólida preta) e simulados (linha tracejada vermelha) para Ids de 3 e 4,8 mA, respetivamente. Ao ajustar os espectros simulados aos espectros experimentais, as temperaturas do gás para as respectivas correntes de descarga foram aproximadas. Para Id de 3 mA e 5 mA, as temperaturas do gás deduzidas foram 410 ± 30 K e 450 ± 30 K, respetivamente. Verifica-se que a temperatura do gás é mais elevada para a corrente de descarga mais elevada.

Comparando com os resultados simulados apresentados na secção anterior, verifica-se que a temperatura do gás simulada de 425 K para Id de 5,3 mA é próxima da temperatura experimental do gás de 450 ± 30 K para Id de 4,8 mA.

Para resumir os estudos sobre microdescargas de orifício único, apresentámos caracterizações eléctricas para diferentes tipos de cavidades de orifício único: anisotrópica, isotrópica e cavidade de orifício passante. A partir da caraterização eléctrica, observou-se que, se a região catódica da cavidade de Si for limitada no caso SP, as curvas V-I podem apresentar um comportamento anormal em regime de incandescência. Mas se o dispositivo estiver a funcionar no caso RP ou no caso em que o cátodo não está limitado, as curvas V-I podem apresentar um comportamento normal em regime de incandescência. Em geral, a tensão de rutura no caso de SP foi mais elevada do que no caso de RP. Para os diâmetros maiores, 100 e 150 µm, a tensão de rutura para a cavidade gravada anisotropicamente foi praticamente a mesma. Foram também mostrados dois tipos de efeitos de histerese para a microdescarga de furo único. As simulações foram efectuadas para uma cavidade de furo único com um diâmetro de 150 µm. Foram calculados a densidade de electrões, os estados metaestáveis, a espessura da bainha e a temperatura do gás para duas correntes de descarga de 1,2 e 5,3 mA. Os resultados da temperatura do gás foram então comparados com os resultados obtidos experimentalmente utilizando OES.

## 4.3 Conjunto de microdescargas

Após o estudo de uma microdescarga de furo único, são apresentadas nesta secção as investigações sobre diferentes matrizes de furos múltiplos.

### 4.3.1 Conjunto de 16 furos

Nesta secção, são apresentados os resultados obtidos com 16 matrizes de orifícios. Para a primeira matriz, a distância entre furos de lado a lado foi de 200 μm. Para a segunda, a distância entre furos de lado a lado foi de 2800 μm. O diâmetro do furo era de 150 μm.

#### 4.3.1.1 Matriz de 4 x 4 furos com curta distância entre furos

Os resultados de uma matriz de microdescarga 4 x 4 com uma distância entre furos de 200 μm são apresentados nesta parte. As cavidades de 130 μm de profundidade foram gravadas isotropicamente. A Figura 4.16 mostra as caraterísticas V-I da matriz de 16 microdescargas em He a 200 Torr na polaridade padrão e inversa. Mais uma vez, foi efectuada a média adjacente dos pontos de dados para as curvas de corrente e tensão individualmente em relação ao tempo, para tornar a curva mais legível.

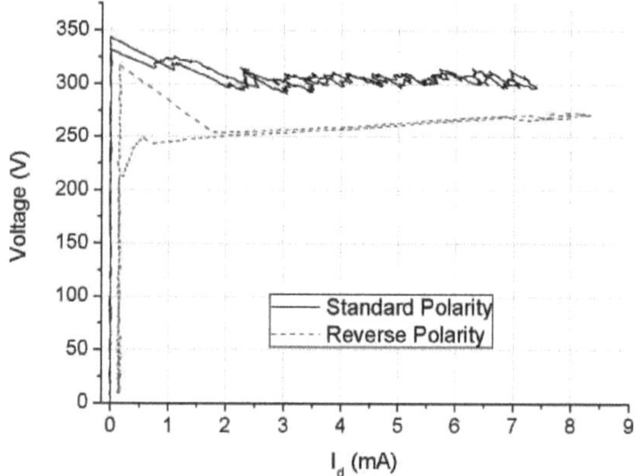


*Figura 4.16: Caraterísticas V-I para uma matriz de 16 furos (4 x 4) (distância entre furos de 200 μm) com um diâmetro de cavidade de 150 μm e uma cavidade isotrópica de 130 μm de profundidade a 200 Torr He.*

Após a rutura, a corrente de descarga aumenta com a rampa de tensão aplicada (figura 4.16). Foi registada uma série de imagens com uma câmara ICCD durante a operação de microdescarga, como mostra a figura 4.17. No caso de SP, a 1,72 mA, acende-se uma única microdescarga, como mostra a primeira imagem da figura 4.17. Ao aumentar ainda mais a corrente, outras descargas começam a acender-se. A 7,16 mA, todas as cavidades se inflamam (terceira imagem da figura

4.17). Ao diminuir a corrente de descarga, as cavidades MDR começam a extinguir-se uma a uma. A 2,20 mA, apenas 5 cavidades ainda estão acesas e parecem ter uma intensidade luminosa muito baixa.

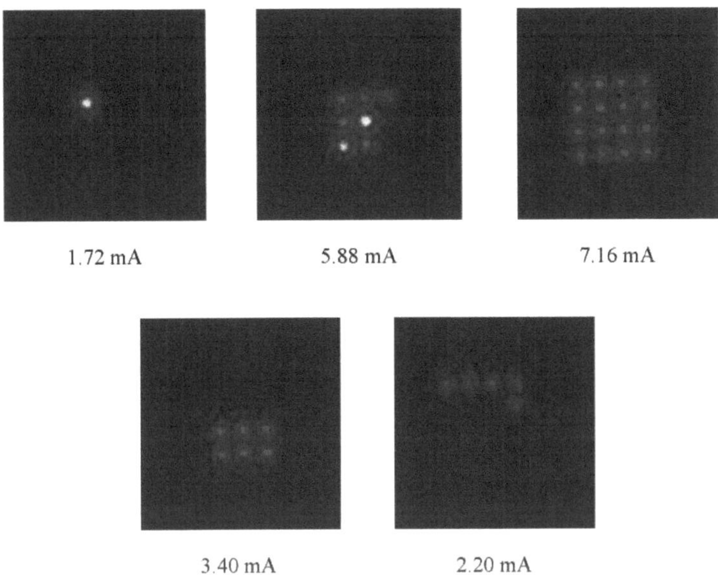



*Figura 4.17: Série de imagens ICCD para uma matriz de 16 furos (distância entre furos de 200 µm) com diâmetro de cavidade de 150 µm e cavidade isotrópica de 130 µm de profundidade. Caso SP em He a 200 Torr. (Nota: as imagens têm cores falsas).*

Neste caso, devido ao facto de as cavidades estarem próximas umas das outras, o efeito da proximidade pode ser observado. Os orifícios inicialmente inflamados com descarga ajudam os orifícios vizinhos a inflamarem-se facilmente, diminuindo a tensão de rutura devido à sementeira de electrões. Assim, neste caso, é possível observar uma curva V-I suave *[Kul-12]*.

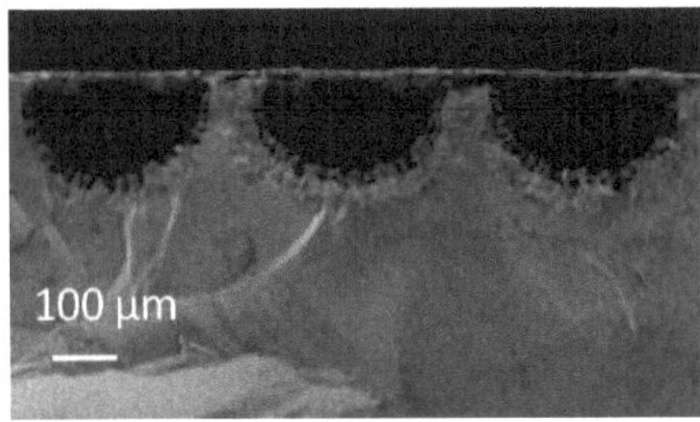



*Figura 4.18: Imagem SEM da matriz de 16 furos (4 x 4) (distância entre furos de 200 µm) com diâmetro de cavidade de 150 µm e cavidade isotrópica de 130 µm de profundidade.*

Como se observa na figura 4.18, a gravação isotrópica profunda induz um corte inferior bastante grande abaixo do dielétrico de SiO2. Como consequência, as cavidades próximas em Si podem juntar-se ou as paredes laterais entre dois orifícios tornam-se muito estreitas. Ao analisar a amostra com SEM para o caso atual (Figura 4.18), verificou-se que a largura das paredes laterais entre dois orifícios era da ordem dos 60-80 µm. De facto, a ignição do plasma no interior de uma cavidade pode modificar a distribuição do campo elétrico das cavidades vizinhas. Esta modificação pode afetar a tensão de rutura das cavidades vizinhas e facilitar a sua ignição. No caso da RP (linha vermelha a tracejado na figura 4.16), a curva também segue um regime de incandescência normal, tal como discutido anteriormente para outros casos.

### 4.3.1.2 Matriz de 4 x 4 furos com grande distância entre furos

As experiências foram realizadas em He a 500 Torr. As cavidades neste caso estão afastadas umas das outras (2,8 mm) e as cavidades são pouco profundas (20 µm). A Figura 4.19 mostra as caraterísticas V-I das 16 microdescargas nos casos SP e RP. Após a rutura, apenas uma microdescarga se inflama. Em seguida, a tensão de descarga aumenta com a corrente, seguindo um regime anormal. Cada descarga inflama-se uma a uma. Cada ignição é seguida de uma diminuição da tensão de descarga (figura 4.19). Em seguida, a tensão aumenta novamente, o que permite a ignição da microdescarga seguinte. No máximo de $I_d$ (~ 7,5 mA), todas as 16 microdescargas estão acesas.

A expansão do plasma na superfície catódica (cavidades de Si) é restrita a uma área muito pequena. Assim, devido a esta limitação catódica, observa-se um regime anómalo acentuado neste caso *[Duf - 08]*. Como as cavidades estão afastadas umas das outras, não há efeitos de proximidade significativos *[Kul -12]*.

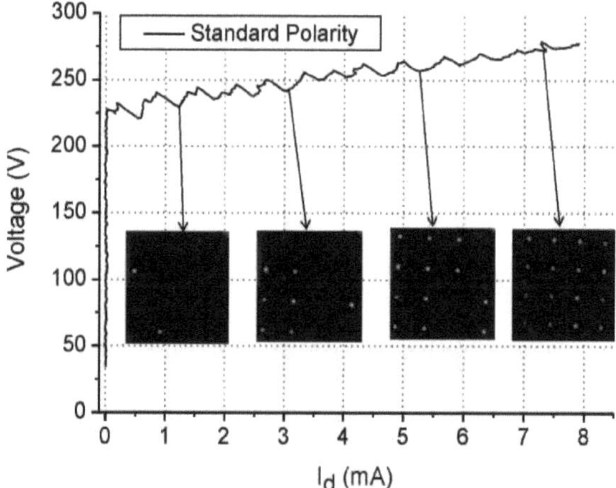



*Figura 4.19 : Caraterísticas V-I para matriz de 16 furos (4 x 4) (distância entre furos 2800 µm) (150 µm de diâmetro, cavidade isotrópica, 20 µm de profundidade) em He a 500 Torr sob SP (linha preta sólida). Detalhe: imagens da câmara.*

**4.3.1.3 Discussão**

Comparando os dois casos das matrizes de 16 orifícios (4 x 4), com distâncias curtas e grandes entre orifícios, vemos claramente o efeito de proximidade no funcionamento da matriz de microdescargas. No caso de uma distância curta entre furos, a matriz completa inflama-se em polaridade padrão e não se observa qualquer regime anormal claro entre as ignições de cada microdescarga. Neste caso, os electrões de iniciação podem passar mais facilmente para os orifícios próximos e facilitar o processo de ignição. No outro caso, a ignição de novos orifícios exige um claro aumento da tensão de descarga para atingir novamente a

e provocar outra microdescarga. Neste caso, os electrões de iniciação não podem ser obtidos a partir dos orifícios próximos. A radiação UV também pode desempenhar um papel importante na ignição de microdescargas próximas, como observado nos DBDs *[Boe-10]*.

### *4.3.2   Modo de pulsação automática em matriz de 16 x 16 orifícios*

Nesta subsecção, são apresentados estudos relacionados com o modo de auto-pulsação em matrizes baseadas em Si. As experiências foram realizadas numa matriz de 256 (16 x 16) orifícios em He e Ar. As cavidades foram gravadas isotropicamente até ~ 60 μm de profundidade. A corrente média de descarga foi limitada a ~1,5 mA. A Figura 4.20 (a) mostra os gráficos de corrente e tensão versus tempo em He. O regime de auto-pulsação pode ser claramente observado na imagem. A figura 4.20 (b) mostra uma parte ampliada de um impulso. A largura típica do impulso de corrente é da ordem dos 2 ps. O tempo de subida do impulso de corrente é de 400 ns. Da mesma forma, a queda de tensão tem um tempo de queda de 800 ns. Em seguida, aumenta exponencialmente com um tempo caraterístico de 50 ps. A Figura 4.21 (a) mostra o regime de auto-pulsação em configurações SP para gás Ar. A Figura 4.21 (b) mostra a parte ampliada de um impulso, tal como indicado pelas linhas tracejadas pretas. A partir desta figura, pode ver-se que, no caso do gás Ar, os impulsos de corrente e de tensão têm uma amplitude ligeiramente diferente de cada vez que aparecem. No caso do SP, a amplitude dos picos de corrente varia entre 55 mA e 85 mA, aproximadamente. Neste caso, a tendência dos impulsos é semelhante ao regime de auto-pulsação do He.

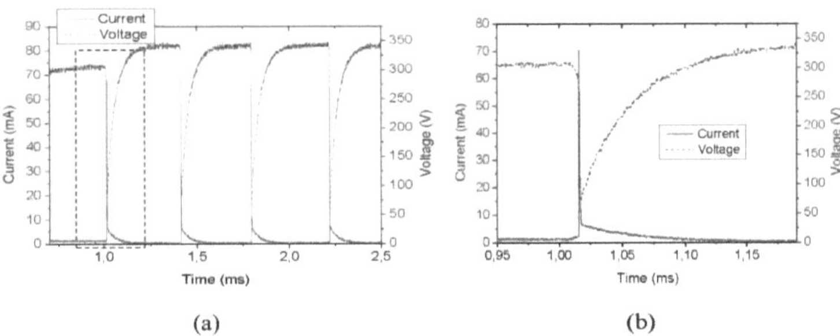

(a)                                          (b)

*Figura 4.20: (a) Regime de auto-pulsação de uma matriz de 256 orifícios com um diâmetro de cavidade de 150 μm e uma profundidade de cavidade isotrópica de cerca de 60 μm em SP a 200 Torr He e (b) parte ampliada do gráfico, conforme indicado pelas linhas tracejadas pretas.*

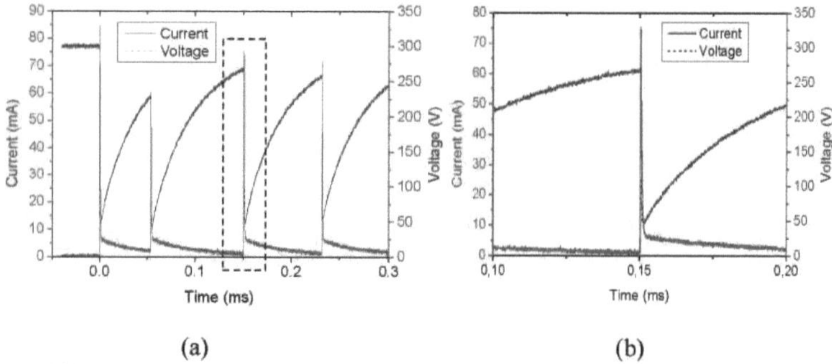

(a)           (b)

*Figura 4.21: (a) Regime de auto-pulsação de uma matriz de 256 orifícios com um diâmetro de cavidade de 150 μm e uma profundidade de cavidade isotrópica de cerca de 60 μm em SP a 200 Torr Ar e (b) parte ampliada do gráfico, conforme indicado pelas linhas tracejadas pretas.*

## Discussão

Tal como se observa na figura 4.21, é possível obter um regime de auto-pulsação nos dispositivos de silício, mas a diferença em relação às amostras de alumina é que este regime de auto-pulsação aparece também para uma corrente média bastante elevada (> 1 mA). Nas amostras de alumina, este regime de autopulsação surgia porque a fonte de alimentação estava limitada em termos de corrente e não era capaz de fornecer os electrões necessários para a emissão secundária a partir do cátodo. No caso atual do Si, a corrente média é mais elevada, mas os picos de corrente são também mais elevados do que os obtidos com as amostras de alumina. Este fenómeno pode ser explicado, analisando a capacidade equavelente dos dispositivos.

A área do chip MDR é de 1,4 cm$^2$, a constante dieléctrica do SiO2 é de 3,9 e a distância entre os dois eléctrodos é de 6 μm. Assim, podemos deduzir a capacitância equivalente do nosso dispositivo de silício, que é da ordem de 1 nF. Este valor é muito superior ao valor para amostras de alumina (tipicamente 50 pF). Com 39 kΩ de resistência de lastro, a constante de tempo RC τ é de cerca de 40 μs. Este é o valor típico para o tempo de carregamento, conforme mostrado na figura 4.21 (a) e (b). Para comparação, este valor é reduzido para 200 ns no caso de uma amostra de alumina com a mesma resistência de lastro. O tempo de descarga do dispositivo à base de Si é tipicamente de 2 ps, o que é semelhante ao da amostra de alumina, como se viu no capítulo 3. Assim, nesta discussão, vale a pena comentar que a auto-pulsação pode ser observada se o tempo de carga for maior do que o tempo de descarga.

Nos dispositivos de silício, a forma do impulso de corrente é diferente. O pico de corrente elevada de 2 ps é seguido por uma diminuição mais lenta da corrente durante o tempo de carregamento. Não vemos esta parte em alumina. Esta parte corresponde à corrente de deslocamento. Após os cálculos, o valor da corrente de deslocamento é tipicamente de 4 mA, o que corresponde ao que obtemos na figura 4.21. Na alumina, este valor pode ser cerca de 0,4 x 10$^{-4}$ mA, o que é muito inferior ao que obtemos para o silício. Além disso, a elevada capacitância dos dispositivos de Si pode levar a picos de corrente com um valor elevado e pode ser a causa da presença de micro arcos no interior da cavidade. Estes microarcos podem esvaziar o condensador MDR num curto espaço de tempo, semelhante à duração do impulso dos dispositivos à base de alumina.

### 4.3.2.1 4 sub-matrizes de 256 furos numa pastilha

Nesta subsecção, são apresentados os resultados da matriz com a segunda disposição descrita no capítulo 2. O chip da matriz tem 4 sub-matrizes de 256 orifícios, cada uma com diferentes diâmetros de orifício (D) de 25, 50, 100 e 150 µm (ver capítulo 2). As experiências foram efectuadas em He. Estas matrizes foram gravadas isotropicamente e tinham 70 µm de profundidade.

**Caraterísticas V-I**

A Figura 4.22 apresenta uma caraterística V-I de uma matriz de 256 orifícios mistos funcionando em polaridade padrão a 100 Torr. Em ambos os casos, após a avaria, a corrente de descarga começa a aumentar com o aumento da rampa da tensão de alimentação. A tensão é mais ou menos constante em relação à corrente de descarga. A rutura é de ~ 270 V. A Figura 4.23 mostra imagens da matriz para funcionamento com plasma nos casos (a) SP e (b) RP.

No caso do SP, após a quebra a 270 V, devido à resistência de lastro, a corrente Id atinge um valor de 2 mA e a tensão de descarga cai para cerca de 220 V. Uma única microdescarga inflama-se numa cavidade de 150 µm de diâmetro. Com a corrente de descarga mais elevada (~ 9 mA), a matriz completa de 256 orifícios com 150 µm de diâmetro é inflamada, e um único orifício na matriz de 100 µm de diâmetro é inflamado. A 3 mA, enquanto a corrente diminui, metade da matriz de orifícios de 150 µm de diâmetro é acesa com uma intensidade de luz muito fraca. Depois, as descargas extinguem-se com um valor de corrente mais baixo.

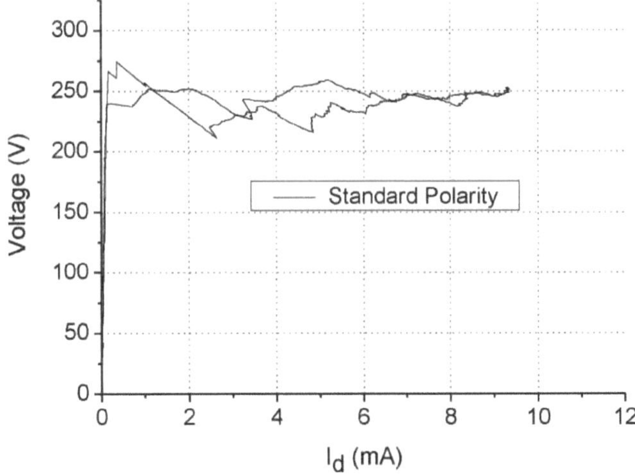



*Figura 4.22: Caraterísticas V-I de 256 matrizes de orifícios mistos a 100 Torr He no caso SP.*

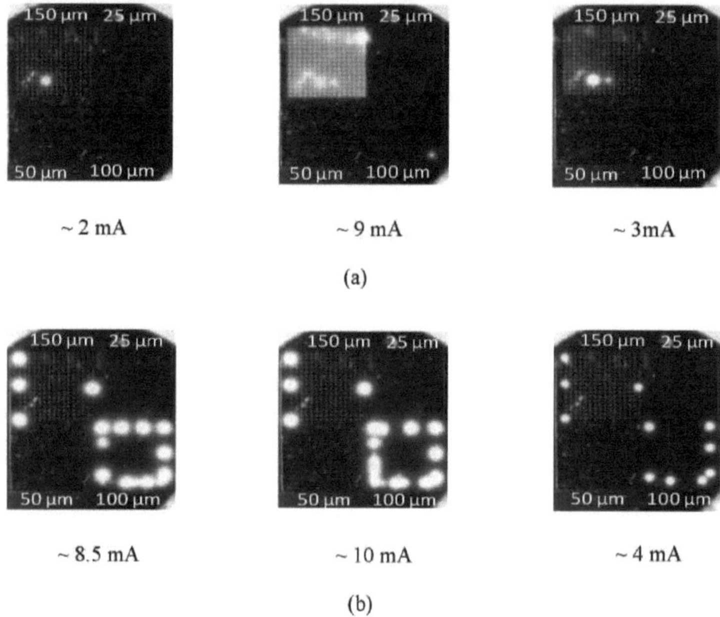


*Figura 4.23: Imagens de 256 sub-arrays de orifícios mistos a 100 Torr em He, durante o funcionamento do plasma em (a) polaridade padrão e (b) em polaridade inversa.*

No caso do RP, a primeira imagem é obtida para uma corrente de descarga de 8,5 mA. Esta imagem mostra 12 cavidades inflamadas na subfaixa de 100 µm de diâmetro e 4 cavidades inflamadas na subfaixa de 150 µm de diâmetro. O diâmetro de emissão do microplasma é maior do que o obtido na polaridade padrão. Como explicado anteriormente, na polaridade inversa, o plasma espalha-se na área de níquel (figura 4.23 (b)).

A imagem a $I_d$ ~10 mA mostra um total de 19 cavidades inflamadas: 4 microplasmas na subfaixa de cavidades de 150 µm de diâmetro e 15 microplasmas na subfaixa de orifícios de 100 µm de diâmetro. Para a rampa de tensão decrescente, é tirada uma imagem a 4 mA. Continuamos a ter 4 microplasmas acesos na subfaixa de orifícios de 150 µm e 7 microdescargas continuam acesas na subfaixa de 100 gm de diâmetro.

Em ambos os casos, SP e RP, foi observado um regime de incandescência normal. Na configuração RP, isto deve-se ao facto de o plasma se poder espalhar facilmente na superfície catódica e proporcionar um regime de incandescência normal *[Duf-08]*. No caso da configuração RP, pode observar-se claramente um fenómeno de ignição de borda. Como se explica nas secções seguintes, as cavidades inflamam-se preferencialmente a partir das extremidades da matriz. Além disso, na polaridade padrão, a 100 torr, apenas o subconjunto de 100 g de diâmetro entra em ignição.

**Repartição ($v_{br}$)**

Apresentamos os resultados dos estudos de rutura efectuados com diferentes matrizes de diâmetros de cavidades. A influência do diâmetro da cavidade nas caraterísticas da descarga eléctrica foi estudada utilizando uma matriz de orifícios mistos constituída por cavidades anisotrópicas com uma profundidade l de 150 μm. Para a determinação da tensão de rutura, foi efectuada a aquisição da tensão e da corrente de descarga durante oito períodos, de modo a obter um valor médio para cada pressão. A frequência do sinal (f) utilizada para a aquisição da caraterística V-I foi de 200 mHz. Isto correspondeu a uma taxa de tensão de cerca de 200Vs$^{-1}$. As barras de erro, apresentadas em todos os gráficos, foram consideradas como erros aleatórios e obtidas considerando uma distribuição gaussiana dos valores experimentais.

Para estudar o efeito de rutura, apenas duas subcamadas de 100 e 150 μm foram mantidas abertas e as outras duas subcamadas foram cobertas com uma fita de kapton. As caraterísticas geométricas de ambas as cavidades são indicadas na tabela 4.3. Para os cálculos de superfície e volume, a cavidade foi considerada cilíndrica. As figuras 4.24 (a) e (b) mostram as correspondentes curvas de rutura em função da pressão e as curvas V-I a 500 Torr em He, respetivamente.

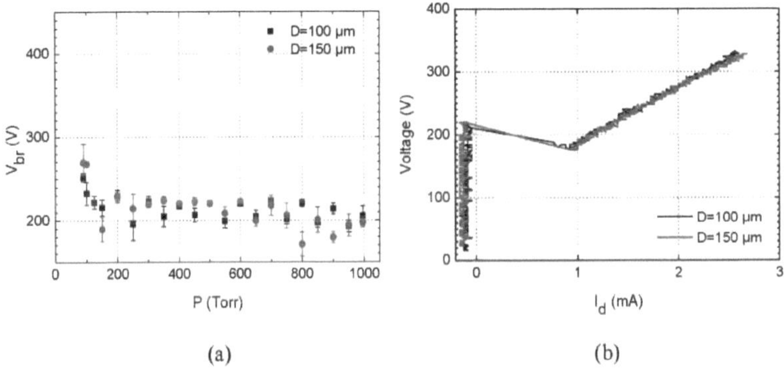


*Figura 4.24: Caraterísticas eléctricas de dois subarrays de 256 cavidades com a mesma forma e profundidade de cavidade (anisotrópica, l = 150 μm), mas com diâmetros diferentes (D = 100 e 150μm), (a) tensão de rutura versus pressão e (b) curvas V-I a 500 Torr He, para f = 200 mHz.*

As curvas de tensão de rutura coincidem bastante bem em toda a gama de pressão. Para este tipo de cavidade (anisotrópica l = 150 μm de profundidade), as experiências mostram que o diâmetro de abertura da cavidade não influencia a tensão de rutura. Os cálculos são apresentados na tabela 4.3. Esta tabela mostra que o diâmetro da abertura não influencia significativamente as distribuições geométricas da intensidade do campo elétrico, se os dois diâmetros forem mais próximos um do outro (por exemplo, 100 e 150 μm).

| D($\mu$m) | $d_n$ ($\mu$m) | l ($\mu$m) | $S_{cath}$ (mm$^2$) | V (mm$^3$) |
| --- | --- | --- | --- | --- |
| 100 | 150 | 150 | 0.055 | $1.8 \times 10^{-3}$ |
| 150 | 150 | 150 | 0.088 | $2.65 \times 10^{-3}$ |

***Quadro 4.3: Caraterísticas geométricas das cavidades dos dois microrreatores (16 x 16 = 256) utilizadas para o estudo do diâmetro de abertura das cavidades; D: diâmetro de abertura, $d_n$: distância à cavidade vizinha mais próxima, l: profundidade, Scath: superfície da parede (superfície do cátodo), V: volume.***

As curvas V-I da figura 4.24 (b) mostram que uma única microdescarga se inflama em ambos os casos e segue um regime anormal da mesma maneira. Este tipo de ignição indica que, no caso atual, a rutura não depende do diâmetro. No entanto, também se observou noutras experiências, considerando diâmetros entre 25 e 150 µm, que o diâmetro da abertura tem influência na ignição. As cavidades de menor diâmetro tendem a inflamar-se primeiro a pressões mais elevadas, enquanto as cavidades de maior diâmetro se inflamam preferencialmente a pressões mais baixas *[Kul-12]*. Os detalhes serão fornecidos nas próximas secções.

### 4.3.3 Conjunto de 1024 orifícios

Nesta secção, são apresentados resultados com 1024 matrizes de microdescargas. Em primeiro lugar, são apresentadas as caraterísticas V-I e, em seguida, é discutida a diferença entre cavidades isotrópicas e anisotrópicas. Posteriormente, é apresentado o comportamento de funcionamento para cavidades profundamente gravadas e pouco gravadas. O mecanismo de ignição e as medições da densidade de corrente para 1024 furos são discutidos mais adiante.

#### 4.3.3.1 Caraterísticas V-I

Nesta secção, apresentamos as medições para reactores de cavidades profundas de 75 µm. A Figura 4.25, mostra as caraterísticas V-I em polaridade padrão para um conjunto de 1024 cavidades (diâmetro ~150 µm, gravado anisotropicamente). As experiências foram efectuadas em Ar (Figura 4.25 (a)) e em He (Figura 4.25 (b)). As curvas V-I mostram que o dispositivo segue uma série de regimes anómalos. Aqui, um declive positivo significativo nas caraterísticas V-I é seguido por um mergulho. Quando a tensão de rutura é atingida, uma ou mais descargas inflamam-se e observa-se uma queda de tensão. Cada queda na curva V-I indica que outras microdescargas se inflamam em novas cavidades.

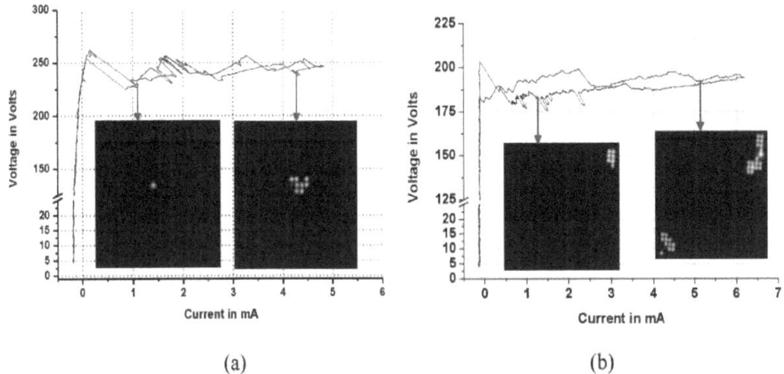



*Figura 4.25: Caraterísticas V-I para matrizes de orifícios de 150 µm de diâmetro com profundidade de cavidade de 75 µm a 350 torr (a) em Ar e (b) em He.*

Assim, ao aumentar ainda mais a tensão total, a corrente aumenta até que a tensão de rutura seja novamente atingida para provocar microdescargas noutras cavidades. A ignição destas novas cavidades provoca uma queda de tensão, tal como referido anteriormente. O número de cavidades inflamadas com 75 µm de profundidade permaneceu pequeno. Além disso, as curvas V-I traçadas foram suavizadas para permitir a visualização do seu comportamento. A partir destas curvas, pode ver-se que o número de cavidades inflamadas em Ar é menor do que em He, com a mesma corrente e pressão (ver imagens inseridas). Isto também se deve ao facto de o primeiro coeficiente de Townsend ser maior em He *[Lie-05, Kul-12]*. Como consequência, podemos esperar uma maior densidade de corrente de plasma em Ar e, portanto, uma maior densidade de electrões para a mesma pressão e corrente total.

### 4.3.3.2 Repartição

**Efeito da forma da cavidade**

Para determinar o efeito da forma da cavidade no funcionamento dos microrreactores, foram testadas duas geometrias diferentes de 1024 matrizes de microrreactores com um diâmetro de abertura D de 100 µm. As cavidades de cada matriz são gravadas de forma diferente. Uma é gravada anisotropicamente e a outra é gravada isotropicamente, como se mostra na figura 4.26 (após a operação). Note-se que a estrutura completa do microrreator não é visível nas imagens porque o elétrodo de níquel (elétrodo superior) foi removido durante a clivagem do chip MDR. Na figura, a camada superior corresponde ao dielétrico (SiO?) e a inferior com a cavidade é o elétrodo de Si. As caraterísticas geométricas da cavidade para ambas as matrizes são apresentadas na tabela 4.4. Para os cálculos, as cavidades foram consideradas como cilíndricas (cavidade anisotrópica) com diâmetro $D_{cav}$ = 100 µm e profundidade L = 150 µm, ou como hemisféricas (cavidade isotrópica) com diâmetro $D_{cav}$ = 130 µm (devido a um rebaixo simétrico de cerca de 15µm) e profundidade L = 75 µm. A superfície catódica e o volume da cavidade isotrópica são ambos metade dos da anisotrópica.

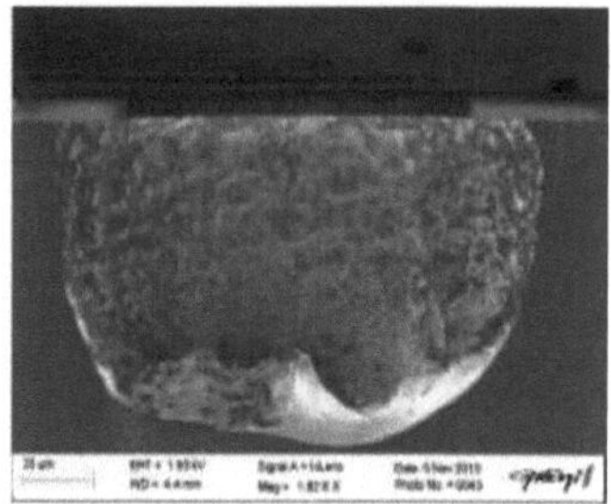

(a)          (b)

***Figura 4.26: Vistas de secção transversal SEM de (a) cavidades anisotrópicas e (b) isotrópicas com diâmetro de abertura D = 100 μm (após operação) para matrizes de 1024 orifícios.***

As medições da tensão de rutura foram efectuadas em He a uma pressão que varia entre 50 e 1000 Torr. A separação dos eléctrodos (espessura dieléctrica) foi de cerca de 6 μm para os microrreactores com cavidade anisotrópica. Isto corresponde a uma gama de produto pd de 0,03-0,6 Torr.cm para as cavidades anisotrópicas. Note-se que estes valores são dados a título indicativo, mas não estão bem definidos devido à não uniformidade do campo elétrico. Por esta razão, as curvas de tensão de rutura são apresentadas em função da pressão. No caso isotrópico, devido a um corte inferior de cerca de 15 μm e se considerarmos o intervalo entre eléctrodos como a distância mais curta entre eléctrodos,

i.     e. d~ 20 μm, então a gama pd correspondente é de 0,2-2 Torr.cm. Em comparação com a curva de Paschen para a tensão de rutura de eléctrodos planos paralelos em gás hélio, verifica-se que ambos os casos presentes se situam na região do ramo esquerdo (pd ~5 Torr cm).

| D (μm) | dn (μm) | Cavity | Dcav (μm) | L (μm) | Scath (mm$^2$) | V (mm$^3$) |
|--------|---------|-----------|-----------|--------|----------------|-----------------------|
| 100    | 150     | Isotropic | 130       | 75     | 0.027          | 0.58 x 10$^{-3}$ |
| 100    | 150     | Anisotropic | 100     | 150    | 0.055          | 1.8 x 10$^{-3}$ |

***Tabela 4.4: Caraterísticas geométricas das cavidades (mostradas na figura 4.26) do conjunto de 1024 microrreatores (D = 100 μm); D é o diâmetro da abertura, dn é a distância lado a lado entre duas cavidades vizinhas, Dcav é o diâmetro da cavidade interna, L é a sua profundidade, Scath é a área do cátodo e V é o volume da cavidade.***

A Figura 4.27 mostra as tensões de rutura médias Vbr em função da pressão P para ambos os tipos de microrreactores. Nota-se imediatamente que, embora a forma da cavidade seja muito diferente, as curvas de rutura correspondentes em função da pressão são muito semelhantes e coincidem bastante bem, com uma pequena tendência para valores mais elevados no caso isotrópico. De um modo geral, durante cada período de tensão, algumas microdescargas inflamam-se umas a seguir às outras e funcionam em conjunto com a corrente mais elevada, que varia entre alguns mA e cerca de 20 mA no máximo. O seu número varia de um a cinco e permanece muito pequeno em relação ao número total nas matrizes (1024). Para a determinação das curvas de tensão de rutura, foram utilizados apenas os primeiros valores de tensão de rutura de cada rampa.

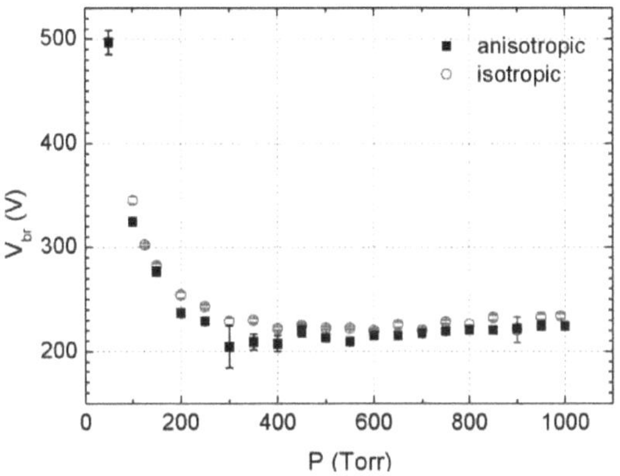


*Figura 4.27: Tensão de rutura Vbr versus pressão P para duas matrizes de 1024 cavidades com D = 100 µm com diferentes formas de cavidade: anisotrópica e isotrópica.*

A Figura 4.28 mostra as curvas V-I para uma matriz com 1024 orifícios, D = 100 µm, nos casos (a) anisotrópico e (b) isotrópico, durante um período (f = 200 mHz, T = 5 s), em He a P = 500 Torr. A partir destes gráficos podem ser observadas algumas semelhanças nas caraterísticas de ambos os casos. Em primeiro lugar, após a ocorrência da avaria, as microdescargas entram num regime de incandescência anormal, com um aumento linear da corrente de descarga com a tensão. A entrada imediata no regime anormal deve-se à limitação intrínseca da superfície do cátodo no interior da micro cavidade. Uma vez que a extensão da área da bainha do cátodo é limitada pela superfície da cavidade, a corrente de descarga Id só pode aumentar se a tensão aplicada externamente aumentar. Em segundo lugar, o regime anormal permite a ignição sucessiva de algumas microdescargas em ambos os casos. Podemos observar que, mesmo que o número de cavidades inflamadas permaneça pequeno em ambos os casos, o caso isotrópico tende a inflamar mais microdescargas (geralmente, duas vezes mais: 4 em comparação com 2).

A queda de tensão após as ignições sucessivas é, em geral, menor no caso isotrópico. Este é caracterizado por um regime anómalo cuja resistência diferencial é ligeiramente superior (r~ 25 kΩ) à das cavidades anisotrópicas (r~ 17 kΩ). Esta diferença na resistência diferencial pode ser devida à menor superfície catódica, no caso das cavidades isotrópicas. Isto poderia explicar o número ligeiramente mais elevado de microdescargas acesas no caso isotrópico, uma vez que, neste caso, é mais rápido atingir novamente a tensão de rutura.

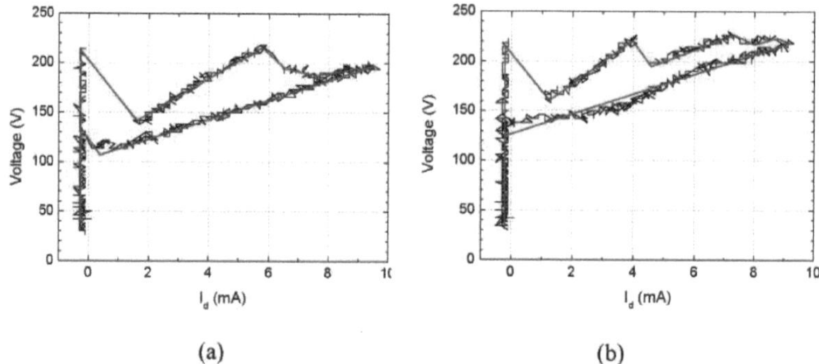


***Figura 4.28: Curvas V-I para uma matriz de 1024 furos, D = 100 μm nos casos (a)
anisotrópico e (b) isotrópico, durante um período f = 200 mHz, T = 5 s),
em He a P = 500 Torr.***

De facto, como indicado na tabela 4.4, a superfície catódica no caso isotrópico é metade da do caso anisotrópico. Dufour et al. *[Duf-08]* mostraram que quanto mais pequena for a superfície catódica, mais acentuado é o regime de incandescência anormal.

**Efeito da taxa de rampa de tensão**

Em geral, para obter as caraterísticas V-I, utilizamos uma rampa de tensão triangular, tal como referido no capítulo 2. Normalmente, foi utilizada uma taxa constante de rampa de tensão para as nossas medições. Mas esta taxa de rampa de tensão também pode afetar a tensão de rutura dos MDRs. Nesta subsecção, apresentamos os estudos relacionados com a influência da rampa de tensão nas caraterísticas V-I. O período (frequência) do sinal foi alterado, mantendo-se a amplitude constante. As medições foram efectuadas utilizando 1024 uma matriz de cavidades isotrópicas com $100^\wedge$ m de diâmetro, como se mostra na figura 4.26. A figura 4.29 mostra gráficos V-I, obtidos para duas frequências diferentes, $f$ = 50 e 200 mHz em He a 500 Torr. Estas frequências correspondem a períodos de onda de T = 20 s e 5 s, respetivamente. As taxas de aumento da tensão são de 60Vs$^{-1}$ e 240Vs$^{-1}$ para $f$ = 50 e 200 mHz, respetivamente.

A partir deste gráfico, pode ver-se que a ignição de múltiplas microdescargas numa matriz depende da taxa de rampa de tensão. A partir da figura 4.29, verifica-se que, a uma frequência mais elevada $(f$ = 200 mHz), apenas três cavidades são activadas, em comparação com as oito cavidades activadas a uma frequência mais baixa $(f$ = 50 mHz). Assim, com a rampa de período mais longo, um maior número de cavidades inflamam-se. Isto pode ser explicado através do tempo estatístico de geração ts discutido na próxima subsecção. A probabilidade do aparecimento de um eletrão de iniciação a partir de fontes naturais é maior no caso de uma rampa de tensão lenta, para a mesma configuração de matriz *[Sch-12]*. Em conclusão, vale a pena dizer que o número de microdescargas iniciadas pode ser controlado com as variações do declive e da amplitude da rampa de tensão.

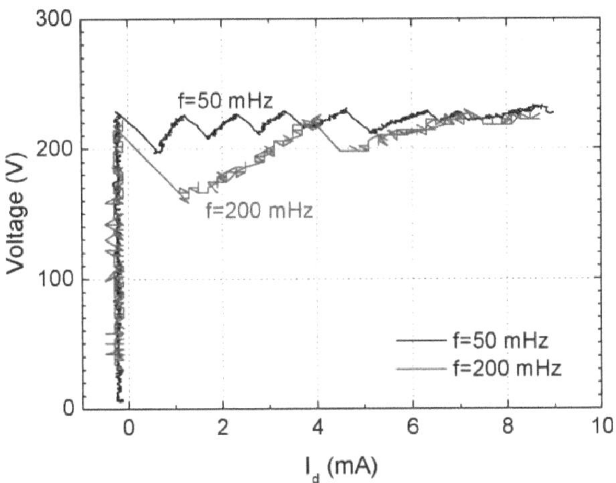


*Figura 4.29: Caraterísticas V-I da matriz de 1024 orifícios com cavidade isotropicamente gravada com diâmetro D = 100 µm, profundidade 75 µm, em He a 500 Torr para duas frequências diferentes de sinal de rampa de tensão f = 200 mHz (T = 5 s) e f = 50 mHz (T = 20 s).*

**Efeito da profundidade da cavidade**

O efeito da profundidade da cavidade foi estudado utilizando a matriz de microdescarga 1024 (diâmetro do orifício de 150 µm). Foram utilizadas duas matrizes semelhantes; uma foi gravada anisotropicamente até uma profundidade de 70 µm e a outra não foi gravada. A tensão de rutura foi registada para diferentes pressões de 100 a 1000 Torr em He. Os resultados são apresentados na figura 4.30 (a). As caraterísticas V-I correspondentes foram também registadas a 500 Torr em He, como se mostra na figura 4.30 (b). No caso da matriz de cavidades não gravadas, é necessária uma tensão muito mais baixa (160 V) para atingir as microdescargas na gama de pressões de 200 a 1000 Torr. Algum efeito deve compensar o tempo estatístico mais elevado esperado no caso não gravado devido a uma menor probabilidade de geração de electrões (devido ao menor volume da cavidade) que deveria ter aumentado a tensão de rutura *[Sch-12]*.

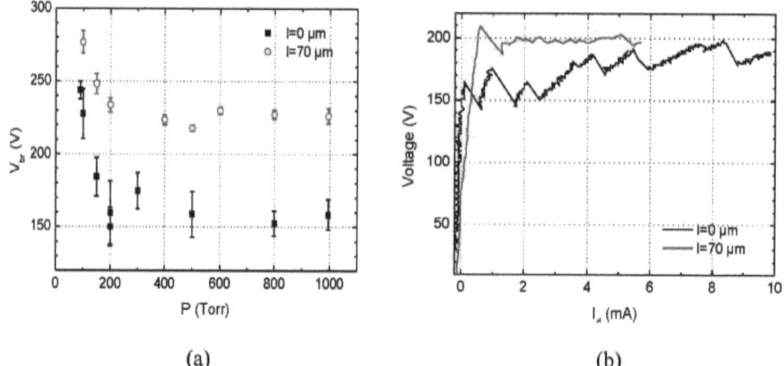

(a)             (b)

*Figura 4.30: Caraterísticas de duas matrizes de 1024 cavidades com a mesma forma e diâmetro de cavidade (anisotrópica, D = 150 μm) mas diferentes profundidades L = 70 e 0 μm: (a) tensão de rutura versus pressão e (b) curvas V -I a P = 500 Torr, em He para f = 200 mHz.*

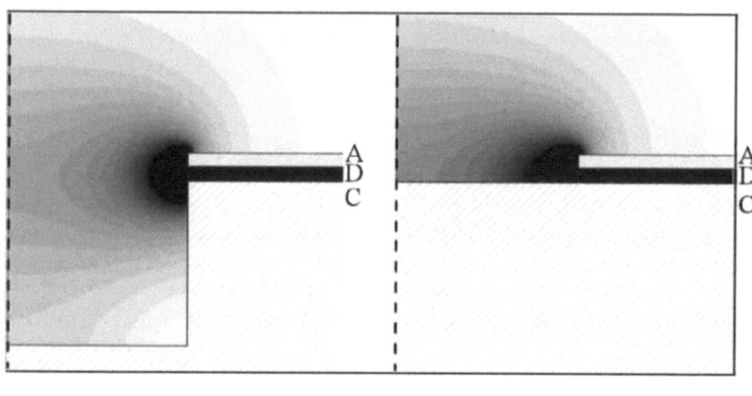

(a) L = 70 μm Vd = 225 V        (b) L = 0 μm, Vd = 160 V

*Figura 4.31: Campo elétrico simulado numa cavidade simples com 150 μm de diâmetro; A (níquel), D ($_{SiO_2}$) e C (silício) representam o ânodo, o dielétrico e o cátodo, respetivamente; a linha a tracejado representa o eixo de simetria cilíndrico; a zona mais escura na distribuição da intensidade do campo elétrico corresponde a valores superiores a 5 x 106 Vm$^{-1}$.*

A explicação mais direta pode vir da diferença entre as distribuições da intensidade do campo elétrico nos casos gravados e não gravados. Utilizando o software de elementos finitos FEMM *[MEE]*, foi simulada a distribuição geométrica do campo elétrico antes da rutura. A Figura 4.31 mostra a distribuição 2D axi-simétrica do campo elétrico. A zona mais escura da figura 4.31 corresponde aos valores mais elevados do campo elétrico (até 5 x 106 Vm$^{-1}$). Nestas simulações, a distribuição do campo elétrico é bastante semelhante, mas para uma mesma diferença de tensão entre os eléctrodos, o campo elétrico é mais elevado no caso da cavidade não gravada.

Neste caso, seriam necessários mais 65 V de queda de tensão entre os eléctrodos para que a cavidade gravada obtivesse uma distribuição de campo elétrico semelhante.

A partir da discussão acima, pode concluir-se que as microdescargas mais superficiais têm uma tensão de rutura mais baixa em comparação com as cavidades mais profundas ou de furo passante.

**Efeito da pressão**

O efeito da pressão no funcionamento dos microrreactores foi estudado utilizando as matrizes de 1024 orifícios mostradas na figura 4.26. Esta matriz era composta por cavidades isotrópicas de 100 μm de diâmetro e a profundidade da cavidade era de 75 μm. As caraterísticas V-I foram obtidas em He para pressões entre 100 e 1000 Torr. As curvas V-I para duas pressões de 500 e 750 Torr estão representadas na figura 4.32 *(a)*. Aqui, a frequência da forma de onda é $f = 50$ mHz.

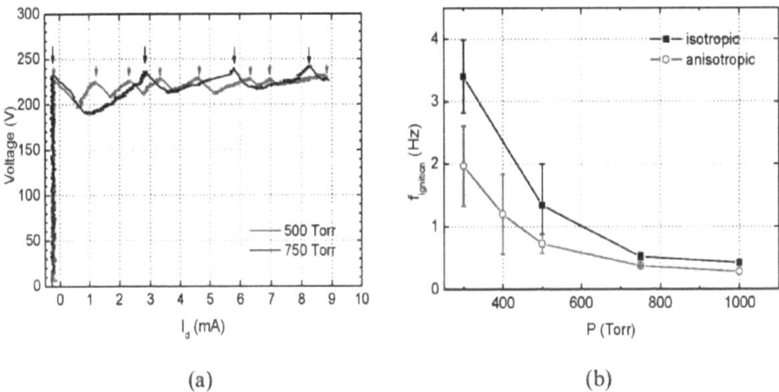


(a)        (b)

*Figura 4.32: Efeito da pressão na ignição da matriz de cavidades isotropicamente gravadas de 1024 (diâmetro D = 100 μm e profundidade L = 75 μm), (a) caraterísticas V-I (as setas indicam a ignição da descarga da microcavidade: as setas pequenas para 500 Torr e as setas longas para 750 Torr), (b) frequência de ignição da descarga da microcavidade, para a mesma rampa de tensão com f = 50 mHz.*

A figura mostra apenas a fase crescente da onda de tensão (ou seja, metade do período: $T/2 = 10$ s), a fim de realçar o efeito sobre a ignição da microdescarga. O número de microdescargas que se inflamam (indicado pelas setas) durante este intervalo de tempo varia com a pressão. Um número mais elevado de MDRs inflama-se a uma pressão mais baixa e vice-versa. O intervalo de tempo entre ignições sucessivas é bastante constante a uma dada pressão, se falarmos em termos de frequência de ignição. Por outras palavras, a frequência de ignição diminui à medida que a pressão aumenta, como mostra a figura 4.32 *(b)*. Esta tendência também é observada para cavidades anisotrópicas. A eficiência do processo de ionização depende do campo elétrico reduzido $E/n$, que diminui com o aumento da pressão como explicado em *[Lie-05]* e *[Sch-12]*.

**Efeito do número de cavidades** Nesta subsecção, são apresentados estudos relacionados com o efeito do número de cavidades por matriz na tensão de rutura. A influência do número de cavidades tanto na rutura como no funcionamento foi estudada utilizando três matrizes diferentes compostas por cavidades idênticas, mas com um número diferente numa pastilha: 1024, 256 e cavidade única.

As cavidades tinham uma forma idêntica (anisotrópica) com um diâmetro de $D = 100$ μm, e uma profundidade de L = 150 μm. As curvas de tensão de rutura versus pressão foram obtidas em He entre 100 e 1000 Torr, como mostra a figura 4.33 (a). Qualitativamente, as três curvas têm a mesma tendência. No entanto, o valor da tensão de rutura para a configuração de cavidade única é cerca de 100 V superior ao das duas configurações de matriz em toda a gama de pressões. Podem ser apresentadas duas hipóteses para explicar este fenómeno.

A primeira hipótese tem origem no facto de a rutura eléctrica gasosa ser um processo estocástico, ou seja, a sua ocorrência real depende da probabilidade de estar disponível um eletrão iniciador/semente, que conduzirá a uma avalanche de dimensão suficiente para o desenvolvimento de um canal de rutura condutor no gás *[Sch-12]*. Esse eletrão inicial deve estar disponível num local adequado (de preferência perto do cátodo) para uma amplificação máxima do eletrão. Como já foi referido, as medições da tensão de rutura foram efectuadas alimentando o microrreactor com uma rampa de tensão crescente. O tempo de subida da rampa foi de 2,5 s. Durante este período, a descarga só pode ser iniciada se a densidade de electrões atingir um valor crítico. O tempo real necessário para atingir esse valor crítico depois de a tensão ter atingido a tensão de rutura estática mínima (vs) (ou seja, a tensão de rutura mais baixa que provocaria a ignição da descarga após um tempo de aplicação suficientemente longo) é conhecido como o tempo de atraso da rutura *[Kuf-00, Sch-12]*.

Este tempo de atraso é estatisticamente distribuído e é composto por duas partes t = ts + tf. O tempo estatístico (ts) é o tempo que decorre desde o momento em que Vs é atingido até que um eletrão iniciador apareça na região de campo elevado para iniciar a descarga. O tempo de formação (tf) é o tempo necessário para que a avaria se desenvolva após o início da descarga. O tempo estatístico (ts) depende da quantidade de pré-ionização na lacuna que, por sua vez, depende da dimensão da lacuna e das fontes que produzem os electrões de semente. A sobretensão é a diferença (vp-vs) entre a tensão de pico vp, na qual a rutura é medida, e a tensão estática mínima de rutura vs. No nosso caso, não existe qualquer fonte externa e os electrões de iniciação são originados apenas por radiação ionizante externa natural, ou seja, raios cósmicos e radioatividade natural dos materiais. A taxa de geração de electrões iniciadores por este tipo de radiação externa é de cerca de $4 \times 10^{-5}$ electrões.s$^{-1}$.cm$^{-3}$.Pa$^{-1}$ na maioria dos gases *[Chr-90, Sch-12]*.

À pressão atmosférica, a taxa de geração de electrões em cada cavidade, com um volume de cerca de~ $10^{-3}$ mm$^3$, é de cerca de $4 \times 10^{-6}$s$^{-1}$. Isto corresponde a um tempo estatístico proibitivamente longo. No caso das 1024 cavidades, a taxa de geração de electrões no volume correspondente à soma dos volumes das 1024 cavidades é cerca de $10^3$ vezes superior à de uma única cavidade. Assim, a probabilidade de geração de electrões iniciais no caso de uma matriz é $10^3$ vezes superior e o tempo estatístico (ts) neste caso pode ser reduzido em comparação com a MDR de cavidade única. Este facto poderá induzir uma sobretensão mais baixa e explicar a diferença de tensões de rutura entre diferentes configurações de MDR *[Kuf-00, Sch-12]*.

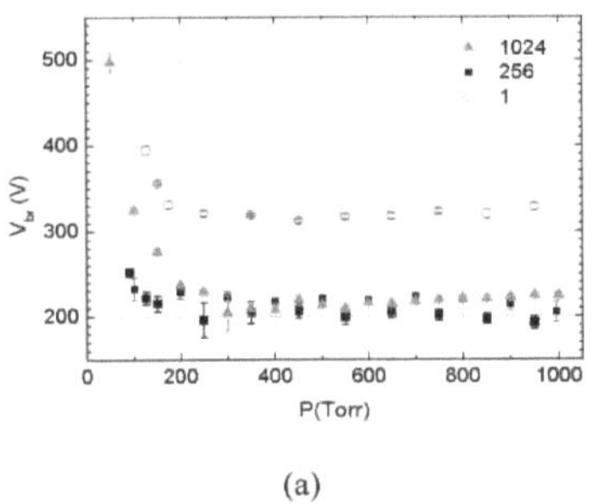 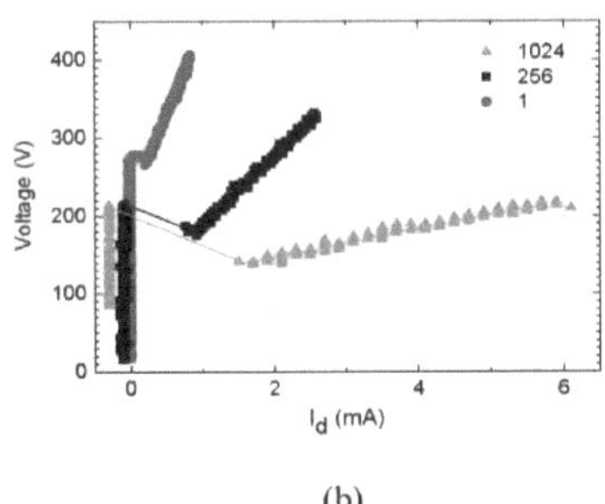

(a)            (b)

*Figura 4.33: Caraterísticas eléctricas para três configurações diferentes de microrreatores constituídos pelo mesmo tipo de cavidades (anisotrópicas, D = 100 μm, L = 150 μm) e com diferentes números de cavidades 1024, 256 e 1; (a) tensão de rutura versus pressão e (b) curvas V-I a P = 500 Torr, em He, para f = 200 mHz.*

A segunda hipótese poderia ser fornecida considerando a possível presença de emissão de campos de electrões. A tensão, imediatamente antes da rutura, é de cerca de 220 V, tanto para 1024 como para 256 matrizes. Aqui, esta tensão aplicada através de um dielétrico com 6 μm de espessura corresponde a um campo elétrico de cerca de $5 \times 10^7$ Vm$^{-1}$. A possível presença de deformações na superfície do cátodo (por exemplo, vieiras e gravuras não uniformes) de algumas dezenas de microns aumentaria localmente o campo elétrico e poderia induzir a emissão de campos de electrões *[Sch-12]*. A probabilidade de encontrar tais irregularidades superficiais pode ser maior no caso da matriz do que no caso da cavidade única.

A Figura 4.33 (b) mostra as curvas V-I correspondentes aos três microrreactores com 1024, 256 e 1 cavidades. Como já foi referido, a tensão de rutura dos conjuntos de orifícios múltiplos é de cerca de 220 V e é muito inferior à do MDR de cavidade única. Como se esperava, devido à limitação da área do cátodo, a descarga entra num regime anormal nos três casos. Mas este regime anómalo depende também da configuração da matriz, embora apenas um microplasma seja aceso nas três configurações. Para exatamente as mesmas caraterísticas da cavidade, dependendo da configuração do micro-reator, a corrente máxima aparentemente conduzida por uma única cavidade é bastante diferente. É de 1, 2,5 e 6 mA para os micro-reactores de 1, 256 e 1024 cavidades, respetivamente. De facto, um microplasma aceso parece conduzir a uma fuga de corrente adicional nas cavidades vizinhas de conjuntos de orifícios múltiplos.

Os electrões do microplasma iluminado podem ser a fonte de electrões de semente para as microdescargas vizinhas. Os electrões de semente podem conduzir ao regime de Townsend para estas microdescargas. Esta pode ser a fonte da corrente adicional, mas não tem intensidade porque as microdescargas não são auto-sustentadas. É possível que os electrões secundários não sejam produzidos em número suficientemente elevado para tornar as microdescargas auto-sustentadas.

Isto poderia explicar por que razão se obtém um valor mais elevado da corrente de descarga no interior de uma matriz de orifícios múltiplos, enquanto que um único microplasma é inflamado. Esta explicação ainda não foi confirmada.

111

### 4.3.3.3 Dinâmica da ignição

Nesta secção, são apresentados os resultados relacionados com diferentes fenómenos de ignição. Este estudo abrange a evolução das descargas numa matriz de orifícios múltiplos e a análise das tendências de ignição da matriz.

**Tendência da ignição**

A partir dos estudos de rutura, discutidos nas secções anteriores, concluiu-se que a matriz de cavidades gravadas a pouca profundidade permitia a ignição de muitas mais cavidades em paralelo. Para o demonstrar, apresentam-se os resultados obtidos com uma matriz de 32 x 32 reactores de microdescarga com um diâmetro de abertura de 100 µm. As cavidades foram formadas por gravação isotrópica com uma profundidade de cavidade de aproximadamente 28 µm. A experiência foi realizada em polaridade padrão com He a 350 Torr. A corrente da matriz do reator de microdescarga foi aumentada gradualmente. A figura 4.34 mostra uma série de fotografias. Corresponde à primeira ignição dos furos na matriz em diferentes níveis de corrente.

A experiência foi efectuada acendendo e desligando a matriz e reacendendo-a novamente algumas vezes. Observou-se que a primeira ignição de uma dada cavidade foi obtida com uma tensão mais elevada do que nas ignições seguintes. Parece que, durante a primeira ignição, o cátodo é tratado pela descarga, o que altera o rendimento dos electrões secundários. Assim, torna-se mais fácil inflamar o plasma após a primeira ignição no interior das microcavidades. Como se pode observar na série de imagens da figura 4.34, algumas microdescargas (aparentemente aleatórias) no conjunto inflamam-se a 0,2 mA. Em seguida, a 2 mA, mais MHCDs são inflamadas em torno dessas primeiras microdescargas. Com uma corrente total de 5 mA, algumas descargas adicionais - localizadas no outro lado da matriz - começam a inflamar-se. De seguida, a ignição das microdescargas propaga-se a partir das duas regiões de ignição e preferencialmente na extremidade (10 mA a 15,5 mA). Após a ignição das MHCDs nos bordos da matriz, a ignição propaga-se para o centro (15,5 mA a 21,2 mA). Finalmente, toda a matriz pode ser inflamada e a emissão torna-se bastante homogénea. A última imagem da matriz totalmente inflamada a 21,2 mA é apresentada separadamente na figura 4.35. Esta mostra claramente a intensidade homogénea da emissão ótica dos MHCDs.

Este fenómeno de ignição, que ocorre preferencialmente no bordo, pode ser explicado com base na resistência da camada de níquel. Quando algumas microdescargas se inflamam no bordo, pode obter-se uma queda de tensão entre o bordo e o centro do conjunto de microdescargas devido à resistência da camada de níquel *[Kul-12]*. De facto, os orifícios estão muito próximos uns dos outros (separações de 150 µm de bordo a bordo) e a camada de níquel tem apenas 6-8 µm de espessura. Esta separação estreita pode estar na origem de uma resistência adicional para as correntes, que fluiriam em direção ao centro da matriz. Isto poderia explicar o facto de as cavidades localizadas na extremidade se inflamarem primeiro e de as cavidades na proximidade das primeiras MHCDs inflamadas também se inflamarem preferencialmente. Devido à proximidade dos orifícios inflamados, o plasma inicia-se mais facilmente nos orifícios adjacentes *[Duf- 08, Kul-12]*. Mas no cálculo, o rácio entre as resistências para uma superfície estruturada de Ni e uma superfície plana de Ni foi de 1,3. Além disso, a resistência da folha de Ni foi encontrada na ordem de 0,01 Ω. Esta resistência da folha é muito pequena e não pode fornecer uma grande diferença de queda de tensão entre as bordas e no centro do chip MDR. Assim, uma outra hipótese para o fenómeno de ignição dos bordos poderia estar relacionada com as etapas de processamento. É possível que existam alguns defeitos de processamento no chip causados durante o fabrico do dispositivo. Estes defeitos de processamento podem também estar na origem do fenómeno de ignição nos bordos.

A corrente e a densidade de corrente conduzidas por cada microcavidade podem ser avaliadas. Para os cálculos, toma-se a última imagem da figura 4.34 com uma corrente de 21,2 mA. Nesta fase, todos os furos do conjunto estão acesos e a intensidade do conjunto é bastante uniforme. Neste caso, cada furo individual conduz em média cerca de 20 pA de corrente. Para calcular a densidade de corrente (J) das cavidades gravadas isotropicamente, tomámos a área de uma tampa esférica considerando o raio da tampa de 55 μm e a profundidade de 20 μm. A área de superfície total estimada de uma cavidade é de cerca de 0,110 cm$^2$.

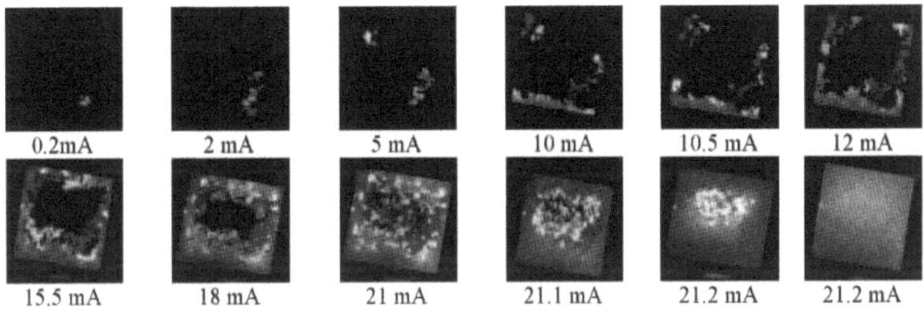


*Figura 4.34: Ignição de uma matriz de 1024 cavidades com 100 μm de diâmetro e 28 μm de profundidade, isotrópicas, operando em He a 350 torr para diferentes correntes de descarga.*

A densidade de corrente média calculada (J) para 1024 orifícios é da ordem de 0,192 A.cm$^{-2}$. A densidade de potência calculada (Pd) para 1024 furos é de 261 kW.cm$^{-3}$. Estes cálculos foram efectuados tendo em conta uma corrente de descarga de 21,2 mA e uma tensão de 1250 V. O valor de J é da ordem do valor estimado a partir da zona termicamente afetada referido na ref. [*Dus-10*] e por alguns outros autores (ref. *[Whi-59, Che-02]*).

*Figura 4.35: Matriz totalmente inflamada com 1024 cavidades com D = 100 μm e L = 28 μm de cavidade isotrópica a funcionar em He a 350 torr para uma corrente de descarga de 21,2 mA.*

Os mesmos tipos de caraterísticas de plasma foram observados em MDRs do tipo p, relatados na ref. *[Dus- 10]*. Além disso, não foi encontrada nenhuma diferença significativa nas caraterísticas V-I dos MDRs de Si do tipo n com resistividades de 5 $\Omega$.cm e 5000 $\Omega$.cm. Além disso, a microdescarga dependem de muitos outros factores (forma, dimensões e superfície da cavidade) que podem variar um pouco de um dispositivo para outro. Por conseguinte, continua a ser difícil distinguir o efeito da densidade de dopagem.

**Dimensões da cavidade e efeito da pressão na ignição**

Para ver os efeitos da pressão do gás na ignição das microdescargas em função das dimensões da cavidade, foi efectuado um estudo utilizando uma amostra com sub-matrizes com diferentes diâmetros de orifícios. A Figura 4.36 mostra as três matrizes de orifícios com 50 (em baixo - "ANR"), 100 (em cima - "CNRS") e 150 µm de diâmetro (centro - "GREMI"). Todas as cavidades tinham 20 µm de profundidade e foram gravadas isotropicamente. Na experiência, a pressão de He foi inicialmente definida para 900 Torr e a corrente total foi mantida a 15 mA. A pressão do gás foi reduzida para 350 Torr enquanto um filme registava a ignição das microdescargas. A sequência de imagens é mostrada na figura 4.36, de 900 Torr para 400 Torr.

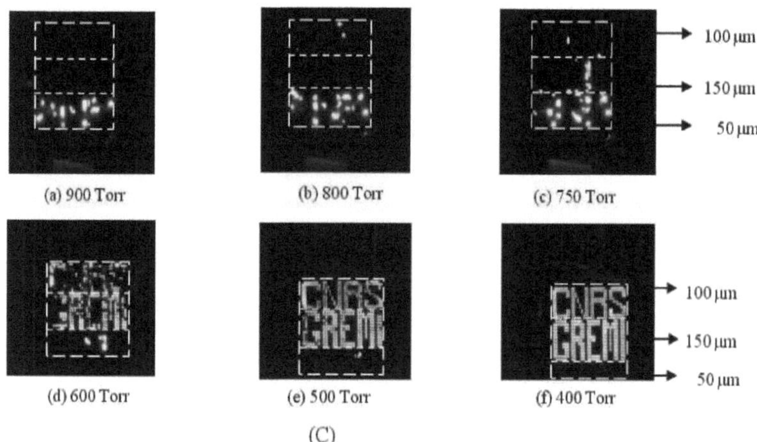


*Figura 4.36: Efeito da variação da pressão em ambiente de gás He nas matrizes com diferentes diâmetros de orifício de 100, 150 e 50 µm no mesmo chip. (As janelas a tracejado nas imagens indicam as linhas de fronteira para diferentes matrizes)*

Focando as imagens da figura 4.36, pode observar-se que apenas as cavidades de menor diâmetro se inflamam à pressão mais elevada (900 Torr). À medida que a pressão diminui para 800 Torr (Figura 4.36 (b)), um par de cavidades de 100 µm de diâmetro no topo entram em ignição, mas, antes de todo o conjunto de orifícios de 100 µm entrar em ignição, as cavidades de 150 µm de diâmetro começam também a entrar em ignição (750 Torr Figura 4.36 (c)). A partir desta análise, é evidente que a ignição se propaga das descargas de 50 µm de diâmetro para a região dos orifícios de 150 µm devido à sua proximidade. Com a diminuição da pressão, mais orifícios de 100 e 150 µm se inflamam e menos orifícios de 50 µm permanecem inflamados. A 400 Torr, nenhum orifício de 50 µm permanece aceso e todas as descargas de 100 e 150 µm estão a funcionar. Conforme mostrado nos estudos de rutura das secções acima, não existem tais diferenças entre orifícios de 100 e 150 µm de diâmetro para a tensão de rutura.

Mas aqui, mostramos claramente que os furos de 50 µm de diâmetro são preferencialmente inflamados a alta pressão *[Kul-12]*. Embora todas as cavidades tenham a mesma distância intereletrodo, as cavidades de menor diâmetro inflamam primeiro em alta pressão.

Nesta configuração, o diâmetro da cavidade é importante para o mecanismo de rutura, tal como referido na literatura *[Duf-10, Che-02, Whi-59, Ree-95]*. Note-se que, em algumas outras configurações geométricas, a distância interelectrodos é mais importante do que o diâmetro *[Duf-10]*.

Verifica-se que, quando em funcionamento, as descargas de 50 µm são muito mais brilhantes do que as descargas de 100 e 150 µm. Para estudar a diferença nas intensidades de plasma de diferentes orifícios, calculámos as densidades de corrente dos orifícios de 50 µm inflamados a 900 torr e dos orifícios de 150 e 100 µm inflamados a 400 torr.

As densidades de corrente calculadas foram de aproximadamente 1,00 Acm$^{-2}$ para os orifícios de 50 µm, 0,30 Acm$^{-2}$ para os orifícios de 100 e 0,14 Acm$^{-2}$ para os orifícios de 150 µm, respetivamente. Esta diferença nas densidades de corrente parece consistente com a diferença de brilho.

Notou-se, com outra caraterização das nossas matrizes MHCD, que o funcionamento do plasma é mais estável em cavidades isotrópicas gravadas a pouca profundidade do que em cavidades anisotrópicas com a mesma profundidade. Isto pode dever-se a uma distribuição diferente do campo elétrico.

Na configuração isotropicamente gravada, podemos esperar que o campo elétrico seja mais homogéneo no interior da cavidade, o que pode explicar o funcionamento estável do plasma.

## 4.4  Geometrias exóticas

Nesta secção, são apresentados os estudos de alguns tipos especiais de matrizes. Os gases Ar e He foram utilizados nas experiências.

### 4.4.1  *Microdescargas de forma TRENCH*

Nesta secção, são apresentadas as experiências realizadas nas matrizes com cavidades em forma de trincheira (figura 4.37). O chip MDR contém quatro sub-matrizes diferentes de cavidades com dimensões diferentes. Para cada sub-array, o comprimento das trincheiras foi fixado em 500 µm e a altura variou de 25 µm a 150 µm. Cada uma das quatro matrizes contém estruturas de trincheiras numa matriz de 16 x 5 (ver capítulo 2).

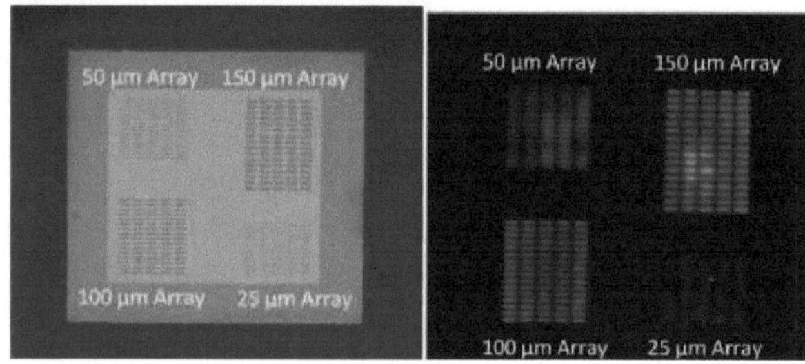

*Figura 4.37: Chip de silício contendo 4 sub-matrizes feitas com 16x 5 trincheiras (320 trincheiras) com 500 µm de comprimento e 25, 50, 100 e 150 µm de altura.*

Este tipo de dispositivo MDR pode ser útil para estudar o efeito de ignição se apenas uma dimensão (no caso atual, a largura) for variada. As experiências foram efectuadas em dois gases diferentes, He e Ar, variando a pressão de 10 Torr a 1000 Torr em regime DC em SP. Estas trincheiras foram145 gravadas isotropicamente em silício e com uma profundidade de cavidade de cerca de 30 µm. A Figura 4.38 mostra as trincheiras inflamadas a quatro pressões diferentes de 50, 100, 300 e 1000 Torr a cerca de 20 a 21 mA de corrente, (a) em Ar e (b) em He. A partir desta figura, pode ver-se que, a baixa pressão, quase todas as trincheiras parecem estar inflamadas ou cobertas por plasma.

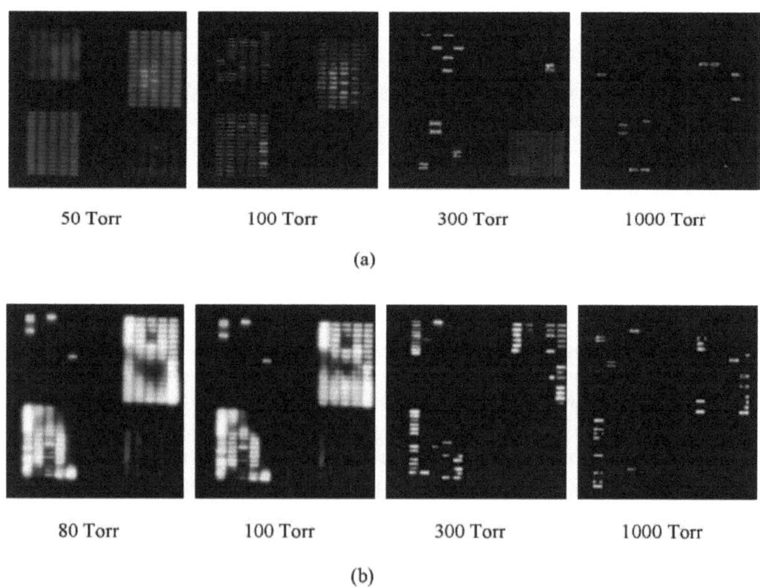


*Figura 4.38: Imagens da matriz Trench inflamada a diferentes pressões com cerca de 20 a 21 mA de corrente, (a) em Ar e (b) em (He).*

A alta pressão (cerca de 1000 Torr), o plasma permanece no interior da cavidade e apenas algumas cavidades são inflamadas. A pressões mais elevadas, pode também observar-se um fenómeno de ignição nas bordas, como mostra a figura 4.39. Na figura 4.39 (a) apenas são apresentados os dois casos a 50 Torr e 1000 Torr em Ar. Além disso, a partir da imagem de 1000 Torr, são mostrados separadamente na figura 4.39 (b) diferentes tamanhos de cavidades, para apresentar o fenómeno de ignição de bordos.

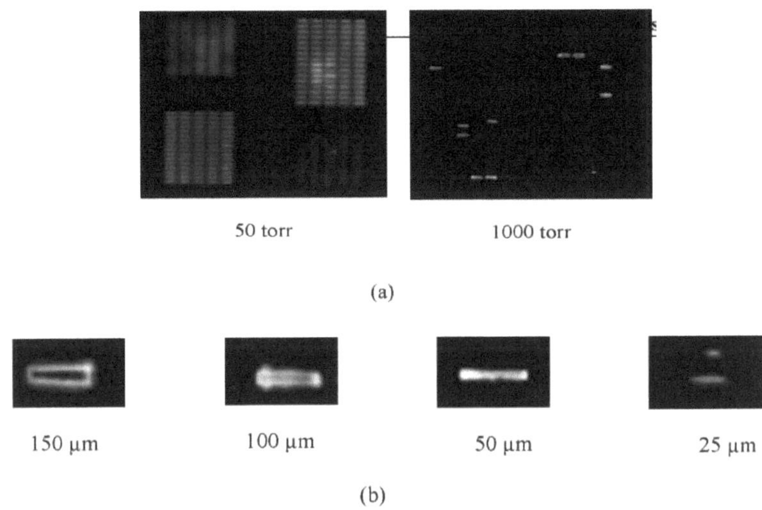



*Figura 4.39: Matriz de trincheiras em Ar, (a) inflamada a diferentes pressões de 50 e 1000 Torr a cerca de 20 mA de Id, e (b) fenómeno de ignição de bordos a alta pressão (1000 Torr) em diferentes trincheiras com 150 µm a 25 µm de altura e 500 µm de largura.*

Neste caso, as microdescargas aparecem apenas na borda ou apenas no limite do ânodo. Em trincheiras maiores, com 150 µm de largura, vê-se claramente uma região escura no centro e observa-se uma emissão anular das descargas. Mas para trincheiras estreitas (50 e 25 µm), esta região escura não é obtida. De facto, a alta pressão, devido ao menor caminho livre médio dos electrões, a descarga é mais concentrada na distância interelectrodos mais curta, ou seja, nos bordos das trincheiras. Nas trincheiras de 25 e 50 µm, esta caraterística sobrepõe-se a partir dos lados e é por isso que não vemos qualquer caraterística de emissão anular nas cavidades com dimensões estreitas.

### 4.4.2 Matrizes de anéis concêntricos mistos (MCR)

Nesta secção, apresenta-se o estudo das matrizes concebidas com o objetivo de inflamar as descargas numa gama mais ampla de pressões. A figura 4.40 mostra uma matriz mista de anéis concêntricos (MCR) com 196 (14 x 14) orifícios, tal como referido no capítulo 2. A ideia subjacente a esta conceção era obter todos os orifícios de ignição da matriz a cada pressão, desde 100 Torr a 1000 Torr. A experiência atual foi realizada em He. Na figura 4.40 (a), pode ver-se uma imagem da matriz inflamada a 150 Torr no caso SP. Cada orifício da matriz pode ser visto com uma descarga, a Id~ 8 mA. Na figura 4.40 (b), pode ver-se uma imagem da matriz inflamada a 450 Torr no caso SP, a Id~ 12 mA. Também neste caso, pode ver-se uma matriz inflamada quase completa.

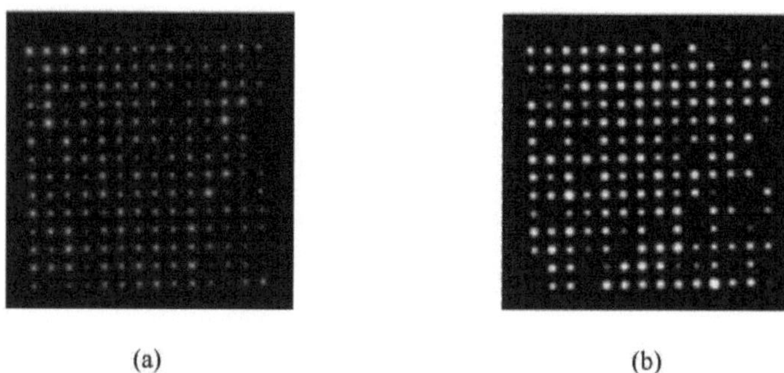

(a)        (b)

*Figura 4.40: Imagens da câmara para a matriz MCR de 196 (14 x 14) orifícios em He (a) a 150 Torr, ~8 mA (SP), e (b) a 450 Torr, ~12 mA (SP).*

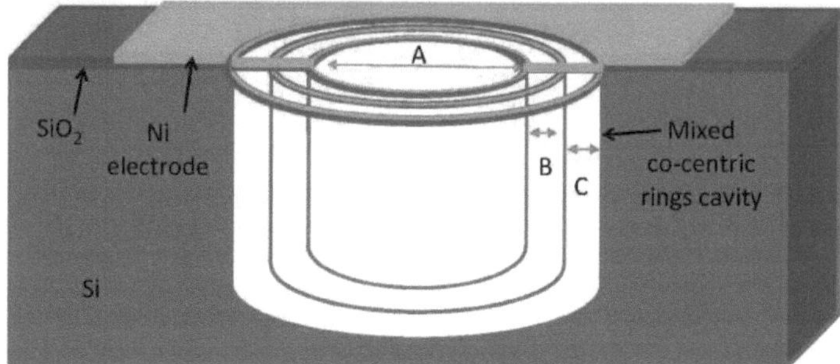


*Figura 4.41: Conceção de uma cavidade de anéis concêntricos com diferentes dimensões de abertura (A, B e C).*

A partir destas experiências, é bastante claro que a conceção proposta funcionou bem no caso da SP para uma gama de pressões de 150 Torr a 500 Torr. Neste caso, parece cumprir a condição de ter microdescargas em várias gamas de pressão.

Esta experiência foi realizada com a ideia de que, se a gravação das cavidades em Si for efectuada de forma a que as cavidades permaneçam anisotrópicas até alguns 10's de μm, então esta configuração é suposta fornecer uma estrutura de cavidades de paredes múltiplas com diferentes dimensões, como mostra a figura 4.41. Nesta figura, as diferentes cavidades concêntricas são mostradas com diferentes dimensões de cavidade A, B e C. Cada abertura de cavidade deve funcionar a uma pressão diferente, ou seja, a cavidade com maior dimensão deve inflamar-se a uma pressão mais baixa e a cavidade com menor dimensão deve inflamar-se a uma pressão mais elevada. Assim, uma matriz de orifícios múltiplos com esta configuração pode funcionar a todas as pressões (por exemplo, de 50 a 1000 Torr).

## 4.5 Falha e tempo de vida dos reactores de microdescarga de silício

Nesta secção, são apresentados os efeitos do funcionamento do plasma nas cavidades. Em seguida, é apresentado o estudo do tempo de vida para diferentes configurações e os factores que o afectam. Estas investigações foram efectuadas utilizando ferramentas de análise SEM e EDX.

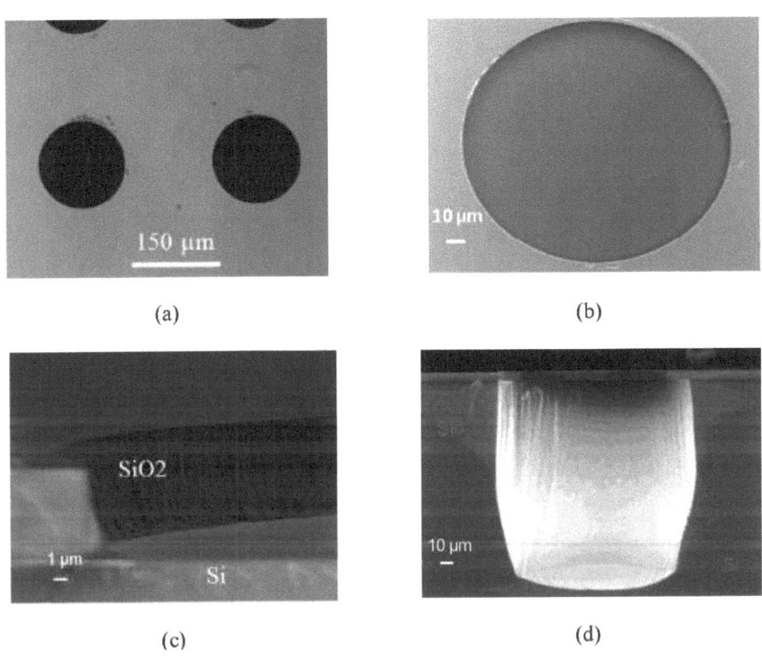


(a)       (b)
(c)       (d)

*Figura 4.42: Cavidades de microdescarga antes da operação, (a) cavidades com camada de Ni no topo, (b) cavidade única gravada com SiO2 sem camada de Ni no topo (imagem SEM), (c) vista em corte transversal da cavidade após a clivagem (imagem SEM,) e (d) vista em corte transversal de uma cavidade gravada anisotropicamente (imagem SEM).*

A Figura 4.42 mostra os reactores de microdescarga antes do funcionamento. A Figura 4.42 (a) é uma imagem das cavidades com a camada superior de Ni electrodepositada à sua volta. A Figura 4.42 (b) é uma imagem SEM de uma única cavidade sem qualquer camada de Ni e após o passo de gravação de SiO2. A Figura 4.42 (c) é uma imagem SEM que mostra a vista em secção transversal da cavidade tirada após a clivagem da amostra. A camada de SiO2 com 6 µm de espessura foi gravada. O níquel foi removido durante a clivagem. A Figura 4.42 (d) é uma imagem SEM de uma cavidade gravada anisotropicamente. Podemos observar que a superfície de silício é bastante lisa antes da operação.

A operação com plasma pode afetar as superfícies das cavidades MDR. A Figura 4.43 mostra o aspeto das cavidades após a operação com plasma. A Figura 4.43 (a) é uma imagem de microscópio ótico, mostrando o efeito da operação de plasma na camada superior de Ni. A Figura 4.43 (b) é uma imagem de microscópio ótico, mostrando o efeito da operação de plasma na parte inferior da cavidade. A figura 4.43 (c) é uma SEM tirada do topo da cavidade, mostrando o efeito do plasma na camada de SiO2 e no silício no fundo da cavidade.

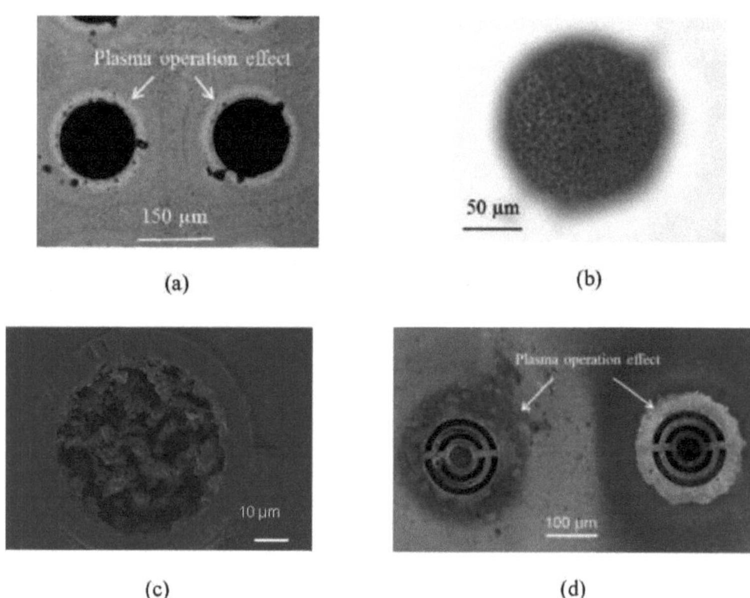


*Figura 4.43: Zonas termicamente afectadas após operação com plasma (a) vista superior das cavidades com camada de Ni com um microscópio, (b) vista interior da cavidade com camada de Ni com um microscópio, (c) vista superior SEM de uma cavidade sem camada de Ni, rodeada por uma zona circular termicamente afetada em SiO2, e (d) vista superior SEM de uma cavidade com camada de Ni.*

A Figura 4.43 (d) é uma imagem SEM que mostra o efeito da operação de plasma na camada de Ni da cavidade. Após a operação de plasma, apareceu um anel de 10 mícrones de largura à volta da cavidade na camada superior de Ni (Figura 4.43 (a) e (d)). Este lado corresponde ao ânodo, o que significa que a corrente de electrões estava a fluir nessa área.

Como consequência, surgiu uma zona termicamente afetada em torno desta área. A superfície da camada de Ni tornou-se colorida e mais áspera, como observado à escala microscópica.

Após a remoção da camada superior de Ni, verificou-se que o tipo de anel semelhante, com a mesma dimensão da camada de Ni, apareceu na camada de SiO2 (Figura 4.43 (c)). A partir destas imagens, é evidente que o plasma afecta significativamente as diferentes superfícies dos reactores de microdescarga.

Para saber mais sobre o efeito do funcionamento do plasma, foram estimados os valores de J e Pd. Por exemplo, no caso de uma única cavidade isotrópica com um diâmetro de orifício de 50 µm e uma profundidade de 150 µm (secção 4.2), os valores calculados (a partir da secção 4.2) de J e Pd foram 18,41 A.cm$^{-2}$ e 2208 kW.cm$^{-3}$ com o MDR a funcionar na polaridade padrão.

Os valores de J e Pd são bastante elevados. Por conseguinte, é provável que uma fração da corrente de electrões para o ânodo seja injectada na superfície superior e deva ser a origem do anel de 10s de µm de largura observado *[Dus-10]*

Uma parte da corrente era conduzida através de um anel maior à volta da abertura da cavidade. Este anel pode ser aquecido e, como resultado, sofrer erosão e ficar áspero. Pode também acontecer que o metal se evapore neste local *[Dus-10, Kul-12]*.

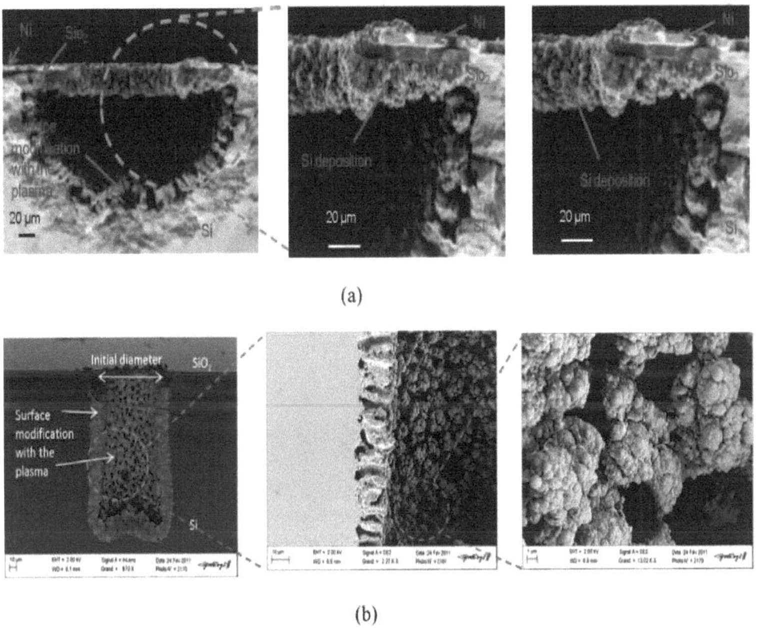

(a)

(b)

*Figura 4.44: Imagens SEM de microcavidades após operação de plasma, (a) cavidade isotrópica gravada com 120 µm de profundidade em Si de 150 µm de diâmetro e (b) cavidade anisotrópica única de 160 µm de profundidade com um diâmetro de 100 µm após operação de plasma*

A Figura 4.44 mostra o efeito da operação de plasma nas cavidades de microdescarga. Como se pode observar, a superfície de Si está severamente danificada. A Figura 4.44 (a) mostra um MDR gravado isotropicamente após a operação com um diâmetro de 150 µm e uma profundidade de cavidade de 120 µm. Parece que algum silício foi removido da cavidade e redepositado nas paredes laterais de silício e sobre o isolador de SiO2. Podemos até observar alguma deposição na camada de níquel também. Uma análise de espetroscopia de raios X por dispersão de energia (EDX) nestas cavidades confirmou que o material depositado era Si (Figura 4.45).

A Figura 4.44 (b) mostra o efeito do funcionamento do plasma numa cavidade gravada anisotropicamente com uma profundidade de 160 μm e um diâmetro de orifício de 100 μm. A camada superior de Ni foi removida antes do diagnóstico SEM. As imagens da figura 4.44 (b) indicam claramente que ocorreu algum tipo de ablação e redeposição de Si nas paredes laterais. Devido a este efeito, o diâmetro da cavidade foi modificado. O diâmetro original é mostrado na figura 4.44 (b). Obtém-se então uma camada de 20 μm de espessura de silício macroporoso na parede lateral da cavidade. A pulverização catódica convencional não pode produzir estruturas tão anisotrópicas. Outros mecanismos são provavelmente responsáveis por esta ablação de silício. De facto, este efeito pode ser devido a um mecanismo de microarcos transitórios no interior das cavidades durante o funcionamento do plasma *[Mit-08]*.

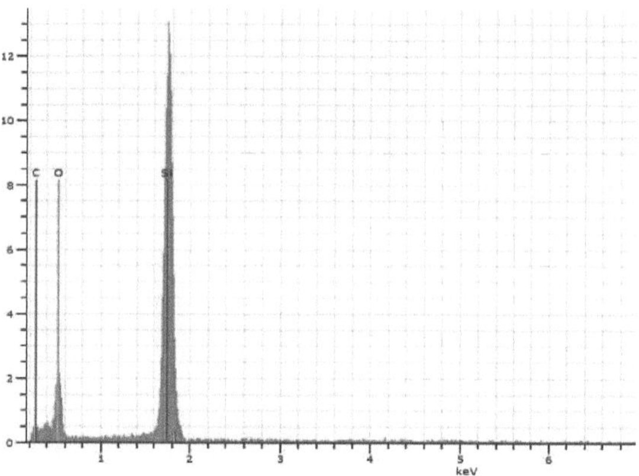

*Figura 4.45: A análise EDX mostra a deposição de Si pulverizado nas paredes laterais das cavidades.*

Ao caraterizar eletricamente o plasma de uma matriz em diferentes escalas de tempo, como já foi referido, foram encontrados muitos picos de corrente de grandes dimensões. As formas de onda da corrente e da tensão da microdescarga (gráficos de dados brutos) são apresentadas na figura 4.46. Os picos de corrente e as quedas de tensão podem ser claramente observados nos três gráficos. O gráfico da escala de tempo mais pequena (ps) na figura 4.46 (c) mostra o pico de corrente em pormenor. Note-se que os picos observados nas formas de onda da tensão e da corrente da figura 4.46 (b) têm a forma de um ruído, uma vez que ocorrem em ambas as direcções ao longo do eixo Y.

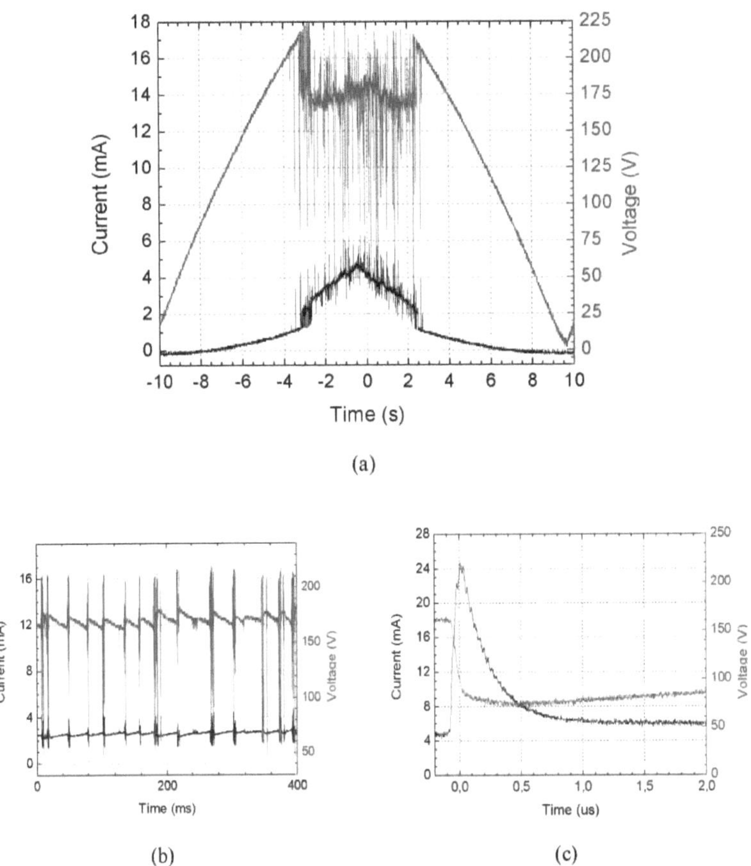

(a)

(b)            (c)

*Figura 4.46: Caracterização eléctrica das matrizes MDR com Concentríolos mistos em He à pressão de 450 Torr em SP (a) janela de tempo normal, (b) em janela de tempo de ms e (c) em janela de tempo de µs.*

Na figura 4.46 (c), podem ver-se claramente os grandes picos de corrente com menos de 0,5 µs de largura que são produzidos durante o funcionamento do plasma. Aqui, o pico de corrente tem uma amplitude típica de algumas dezenas de mA (aqui 24 mA) e a queda de tensão é de 75 V. Como já foi referido anteriormente, pode especular-se que o cátodo aquece e derrete durante esses picos de corrente através da formação de um micro-arco e, em seguida, o material catódico volta a depositar-se nas paredes laterais da cavidade.

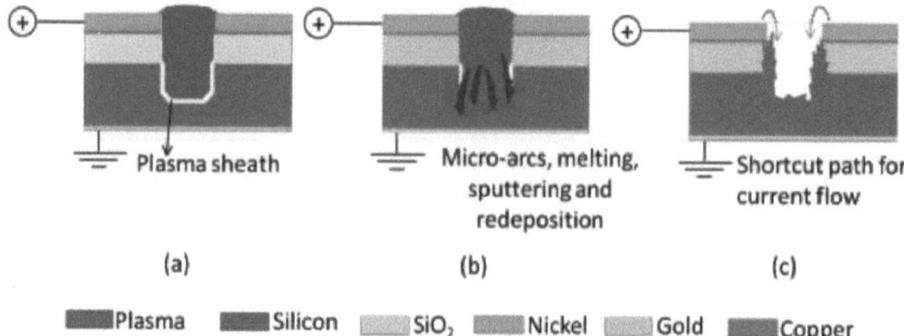



*Figura 4.47: Fenómeno que explica o tempo de vida de um reator de microdescargas (a) ignição normal do plasma, (b) efeito de erosão do microarco com material redepositado nas paredes laterais das cavidades e (c) caminho curto devido à deposição de material catódico nas paredes laterais que induz o desligamento da microdescarga.*

A figura 4.47 ilustra o mecanismo: a figura 4.47 (a) mostra o funcionamento normal do plasma no interior dos reactores de microdescarga. A figura 4.47 (b) ilustra os microarcos transitórios previstos que provocam a ablação do silício nas paredes laterais e a sua redeposição.

A figura 4.47 (c) mostra o curto-circuito causado pela redeposição no anel de SiO2 entre os dois eléctrodos. A figura 4.44 (a) (direita) mostra claramente a redeposição de silício na camada de SiO2.

Algumas das pastilhas do reator de microdescarga foram ressuscitadas através da realização de um segundo processo de ataque com SF6 para remover o silício redepositado do sio2. Isto mostra claramente que o tempo de vida é limitado pela redeposição de Si através do dielétrico.

A partir da análise SEM de diferentes cavidades MDR utilizadas em diferentes experiências, verificou-se que a duração da operação de plasma também afecta a projeção de Si das paredes laterais das cavidades. As imagens SEM deste tipo de três microrreactores com orifício único foram comparadas após a clivagem.

A partir das imagens, é evidente que, se o plasma funcionar durante mais tempo no interior da cavidade, então corta cada vez mais silício das paredes laterais do MDR. A Figura 4.48 mostra três MDRs de cavidade de furo único gravados anisotropicamente, após a operação de plasma usada para diferentes fins experimentais com diferentes durações de (a) 10 - 12 minutos com D = 150 μm e L ~ 160 μm, (b) algumas dezenas de minutos (25 - 30 minutos) com D = 100 μm e L = 200 μm, e (c) algumas horas (1,5 - 2 horas) com D = 150 μm e L ~ 500 μm, respetivamente.

A partir dessas imagens, pode-se ver que o ataque químico de Si em diferentes paredes da cavidade tem profundidades diferentes. As profundidades das micro-cavidades de Si gravadas foram encontradas na ordem de ~ 5 μm, ~ 14 μm e ~ 25 μm na figura 4.48 (a), (b) e (c), respetivamente.

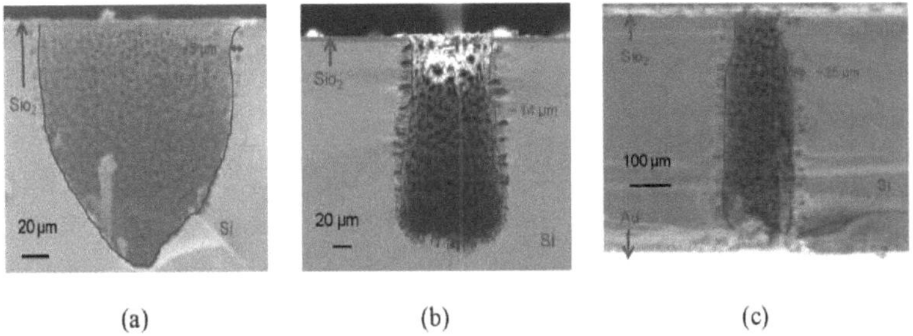

(a)           (b)           (c)

*Figura 4.48: MDR de cavidade de furo único gravado anisotropicamente, após operação de plasma de (a) alguns minutos (10-12 mins) D = 150 µm, (b) algumas dezenas de minutos (25-30 minutos) D = 100 µm e (c) algumas horas (1-2 horas) D = 150 µm.*

O tempo de vida típico de um reator de microdescargas varia entre alguns minutos e algumas horas, dependendo da corrente injectada, das dimensões e da estrutura das cavidades. A partir dos resultados apresentados nesta secção, pode concluir-se que as cavidades do MDR que são profundamente gravadas podem sobreviver durante mais tempo. Depende também da configuração da cavidade: por exemplo, uma matriz de orifícios múltiplos tem um tempo de vida mais longo do que uma MDR de orifício único. Do mesmo modo, a matriz com cavidades gravadas pode durar mais tempo (alguns 10 minutos a algumas horas) em comparação com a matriz com cavidades não gravadas (alguns segundos a alguns minutos).

### 4.5.1 Sugestões para prolongar o tempo de vida dos RDM

Nesta subsecção, são apresentadas ideias possíveis para aumentar o tempo de vida útil dos reactores de microdescarga à base de Si em regime DC. São propostas duas sugestões, descritas no parágrafo seguinte.

**1. Gravação profunda:** Com a gravação profunda das cavidades de Si (isotrópica ou anisotrópica), a MDR pode funcionar durante mais tempo. Tal como referido na última secção (figura 4.48 (c)), a MDR de furo passante é mais adequada para um funcionamento da MDR de algumas horas.

**2. Deposição de metal no interior das cavidades:** Obtém-se um tempo de vida mais longo dos MDR se a superfície catódica (por exemplo, Si) não for afetada pelos microarcos ou pela alta temperatura. Para evitar a pulverização catódica do Si, deve ser útil um revestimento de uma camada fina de um material adequado no interior da cavidade. Sugere-se a deposição de uma camada de metal no interior das cavidades, na parte superior da superfície catódica de Si. Para depositar metal no topo do Si, sugerem-se dois métodos.

O primeiro método sugerido consiste na deposição de uma camada metálica por deposição eletroquímica. Seguindo esta ideia, foi testada a deposição de níquel (Ni) metálico no topo da superfície de Si no interior das cavidades. A Figura 4.49 mostra as imagens SEM para o Ni depositado em (a) uma cavidade gravada isotropicamente. A Figura 4.49 (b) mostra uma parte da cavidade selecionada para realizar a experiência de EDX. As figuras 4.49 (c) e (d) mostram os

125

resultados de EDX que confirmam a deposição de Ni metálico no topo da superfície de Si no interior da cavidade. Estes resultados confirmam a presença de Ni na área selecionada (no interior da cavidade).

(a)　　　　　　　　　　　　　　(b)

(c)　　　　　　　　　　　　　　(d)

*Figura 4.49: Imagens SEM para Ni depositado electroquimicamente na superfície de Si dentro da cavidade MDR (a) uma cavidade isotrópica completa, (b) parte da cavidade que é usada para análise EDX, (c) e (d) mostrando os resultados EDX com a composição do material dentro da cavidade.*

Nesta técnica, a limitação mais importante é a natureza hidrofóbica do Si. Para implementar a técnica de deposição eletroquímica, é necessário, em primeiro lugar, tornar a superfície de Si hidrofílica utilizando plasma de oxigénio. Mas com o plasma de oxigénio, pode formar-se uma camada de SiO2 no interior da cavidade, que pode atuar como revestimento isolante. Este facto pode novamente causar alguns problemas na deposição do metal. Assim, a deposição de metal não foi uniforme no interior das cavidades (Figura 4.49).

O segundo método sugerido consiste em depositar o metal no interior das cavidades utilizando a técnica de deposição por pulverização catódica de metal. Os resultados mostraram que o metal pode ser depositado de forma bastante uniforme no topo da superfície de Si no interior da cavidade. A Figura 4.50 (a) mostra uma cavidade isotropicamente gravada da matriz 4 x 4 com um diâmetro de cavidade de 150 μm (L = 160 μm) e uma distância entre cavidades de 200 μm. O metal tungsténio (W) com uma espessura de ~1 μm foi depositado por pulverização catódica no interior das cavidades desta matriz. A Figura 4.50 (b) mostra uma imagem ampliada da parede lateral da cavidade com W. Uma camada de metal com uma espessura de ~ 700 nm pode ser vista na imagem. Assim, utilizando este método, a camada metálica depositada parece mais uniforme no topo da superfície de Si no interior da cavidade, em comparação com a técnica de deposição eletroquímica.

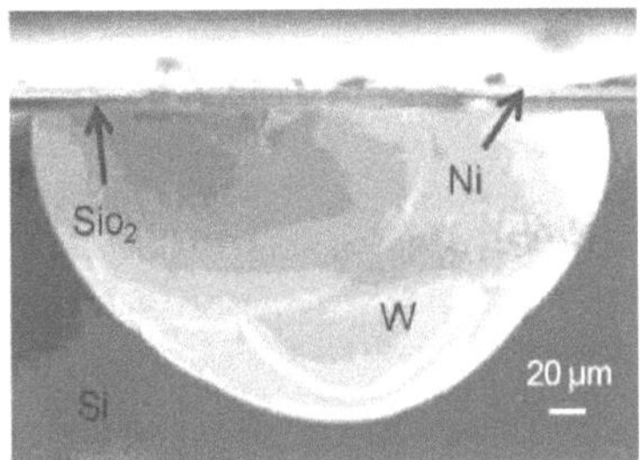

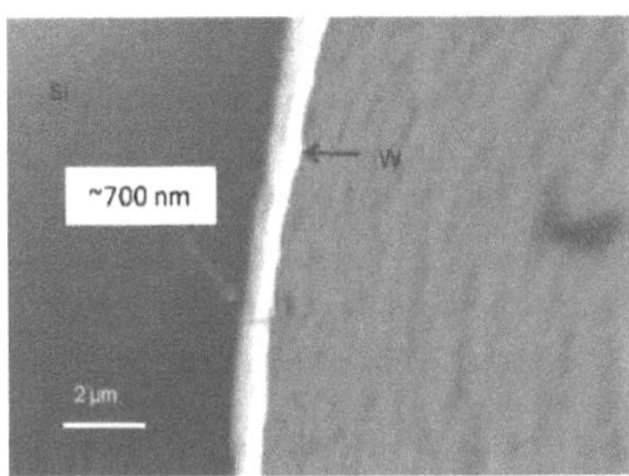


*Figura 4.50: Imagem SEM de uma cavidade isotrópica de Si (D = 150 μm e L = 160 μm)a partir da matriz de 4 x 4 furos (distância inter-furos de 200 μm) com metal de Tungsténio (W) depositado, (a) cavidade completa e (b) uma parte ampliada da parede lateral da cavidade.*

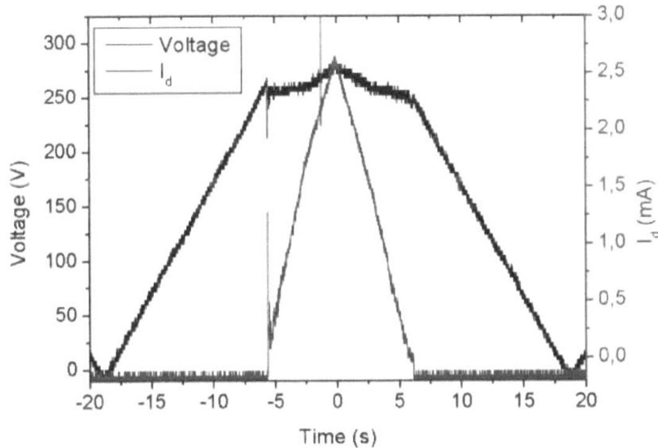


*Figura 4.51: Gráficos de tensão e corrente vs. tempo para uma matriz 4 x 4 com um diâmetro de cavidade de 150 μm (L = 160 μm gravado isotropicamente) e distância entre furos de 200 μm em 150 Torr He, com uma camada fina depositada de metal de tungsténio (W) no interior das cavidades. A espessura da camada metálica depositada é de ~ 1 μm.*

Foram efectuadas caracterizações eléctricas com esta matriz. A figura 4.51 mostra os gráficos da tensão e da corrente em função do tempo em 150 Torr He. A partir desta figura, pode ver-se que os gráficos são suaves e têm um nível mínimo de ruído, em comparação com a figura 4.46. O nível mínimo de ruído nos gráficos indica a ausência de microarcos no interior da cavidade. Por conseguinte, pode presumir-se que, na ausência de microarcos, as matrizes MDR podem sobreviver durante muito tempo. Note-se que estas formas de onda de tensão e corrente foram registadas nas primeiras experiências realizadas com este microdispositivo. Não quisemos utilizá-lo durante muito tempo para o analisar por SEM, quando não se obtiveram impulsos de corrente elevados.

Mas o principal inconveniente desta técnica é a deposição do metal pulverizado nas outras camadas, ou seja, na camada superior do elétrodo e na camada dieléctrica de SiO2. Este facto dificulta a utilização do MDR após a deposição do metal. A MDR torna-se um condutor devido ao contacto metálico entre os dois eléctrodos com o metal pulverizado.

Dos resultados apresentados nesta secção, pode concluir-se que o funcionamento do plasma pode causar danos na superfície interna de Si das cavidades. Estes danos parecem resultar principalmente dos microarcos gerados localmente no interior das cavidades durante o funcionamento do plasma. Estes microarcos foram capazes de gravar o Si das cavidades e o Si gravado pôde então depositar-se nas paredes laterais do reator de microdescargas. Esta deposição de Si leva a um curto-circuito entre os eléctrodos e provoca a falha do MDR.

A partir das experiências, conclui-se que as cavidades profundamente gravadas podem ter um tempo de vida mais longo em comparação com as cavidades não gravadas. Também o conjunto de orifícios múltiplos pode ter um tempo de vida mais longo do que o MDR de orifício único. Para prolongar o tempo de vida do dispositivo de microdescarga, foi sugerida a ideia de proteger a superfície interna da cavidade de Si com uma camada metálica mais ou menos fina. As técnicas de deposição eletroquímica de metal e de deposição por pulverização catódica de metal podem ser utilizadas para este fim. Os resultados da técnica de deposição de metal por pulverização catódica mostraram uma deposição uniforme e suave do metal W no interior da cavidade. As caraterísticas V-I da matriz MDR com deposição de W mostraram a ausência de microarcos durante a operação de plasma. Assim, a ideia de proteger a superfície de Si da cavidade interna com uma fina camada de metal é bastante promissora para proporcionar um tempo de vida mais longo aos dispositivos de microdescarga baseados em Si.

## 4.6 Conclusões

Neste capítulo, foram apresentados MDRs baseados em Si. Foram estudados MDRs de furo único com cavidades anisotrópicas, isotrópicas e de furo passante, com caracterizações eléctricas e ópticas. Cada uma destas configurações foi comparada para os casos SP e RP. No caso SP, o plasma permaneceu concentrado no interior da cavidade do MDR. No caso da cavidade catódica fechada de Si, obteve-se um regime de incandescência anormal devido à superfície catódica limitada da cavidade. No caso RP, o plasma espalhou-se pela superfície catódica de Ni e obteve-se um regime de incandescência normal devido a uma maior superfície catódica. Foram efectuados estudos de rutura para o MDR de furo único e a tensão de rutura foi geralmente mais elevada no caso SP em comparação com o caso RP. A tensão de rutura para o microplasma de Ar foi mais elevada do que para o caso do He, para a mesma pressão. Os MDRs de furo único não gravados ou gravados superficialmente têm uma tensão de rutura mais baixa do que os MDRs de furo único gravados profundamente. Foram observados dois tipos de efeitos de histerese para

MDR de furo único. Simulações baseadas no software GDSim (Glow Discharge Simulation) para MDR anisotrópico de furo único com uma profundidade de cavidade de 150 µm e com um diâmetro de cavidade de 150 µm foram apresentadas para duas correntes de descarga diferentes: 1,2 e 5,3 mA. A partir destas simulações, foi calculada uma densidade de electrões da ordem dos $10^{14}\,cm^{-3}$. As espessuras de bainha deduzidas para

1.2 e 5,3 mA foram 37 e 27 µm, respetivamente. A temperatura do gás simulada registou um valor máximo de 325 K para $I_d$ 1,2 mA e 425 K para $I_d$ 5,3 mA. Estas temperaturas do gás simuladas estavam de acordo com a temperatura do gás deduzida experimentalmente utilizando o método OES. Para $I_d$ de 3 mA e 5 mA, as temperaturas do gás deduzidas foram de 410 ± 30 K e 450 ± 30 K, respetivamente.

Foram apresentados estudos de matrizes de orifícios múltiplos, com diferentes configurações de eléctrodos. Foram comparadas e discutidas diferentes caraterísticas das matrizes. Verificou-se que os agregados com cavidades isotrópicas podem proporcionar uma descarga mais estável do que os agregados com cavidades anisotrópicas. Verificou-se que a ignição das descargas numa matriz começa nas cavidades laterais e depois desloca-se para o centro da matriz. Para uma matriz, se as cavidades estiverem profundamente gravadas, pode observar-se uma depressão do tipo vale nas curvas V-I, indicando a ignição de orifícios simples ou múltiplos com o aumento da rampa da tensão aplicada. O tempo de ignição estatística foi menor para a matriz de orifícios múltiplos em comparação com a MDR de orifício único. No mesmo estudo, verificou-se que a matriz de orifícios múltiplos pode ter uma corrente de descarga mais elevada do que a MDR de orifício único para uma cavidade inflamada. As caraterísticas de algumas matrizes exóticas de furos múltiplos foram apresentadas neste capítulo. No caso da matriz com trincheiras, observou-se o fenómeno de ignição da borda para as trincheiras maiores a pressões mais elevadas. A caraterização de uma matriz de anéis concêntricos mostrou a possibilidade de inflamar toda a matriz a múltiplas pressões. O fenómeno responsável pela falha dos dispositivos foi estudado e explicado, utilizando análises SEM e EDX. Foram também apresentadas algumas sugestões para aumentar o tempo de vida das microdescargas baseadas em Si.

# Capítulo 5

# Caracterização de reactores de microplasma à base de Si em corrente alternada

## 5.1 Introdução

Neste capítulo, são apresentados resultados experimentais relativos a microdescargas que funcionam em regime AC. São discutidos os resultados obtidos para dispositivos de furo único e para matrizes de furos múltiplos com diferentes disposições. Em primeiro lugar, são apresentadas as caraterísticas V-I, incluindo algumas caraterísticas gerais dos dispositivos. Subsequentemente, a dinâmica dos dispositivos e outros comportamentos relacionados são explorados utilizando a Espectroscopia de Emissão Ótica Resolvida por Fase (PROES). Em particular, são apresentados o comportamento ondulatório, o efeito da alteração da pressão e o efeito da alteração da frequência.

## 5.2 Caraterísticas de descarga

Nesta secção, apresentamos algumas caraterísticas gerais, incluindo caraterísticas de tensão e corrente para matrizes de furo único e de furos múltiplos. Para estas experiências, foram utilizados principalmente os gases Ar e He. As caraterísticas da tensão e da corrente foram registadas utilizando um osciloscópio (DSO) controlado por computador, tal como explicado no capítulo 2. Foi utilizado um tubo fotomultiplicador (PMT) para medir a intensidade dos dispositivos. Os sinais do PMT foram registados através do mesmo osciloscópio. Os MDRs tinham cavidades anisotrópicas com uma profundidade de 2 µm ou 8 µm. Estas experiências foram realizadas em colaboração com o grupo de microplasma de J. Winter e V. Schulz-von der Gathen na Ruhr University Bochum (RUB), Bochum, Alemanha.

### *5.2.1 Caracterização eléctrica e ótica de uma matriz resolvida no tempo*

#### 5.2.1.1 Evolução da corrente, da tensão e do tempo de emissão

A Figura 5.1 (a) mostra as caraterísticas de tensão e corrente para um MDR de furo único com 100 µm de diâmetro em He a uma pressão de 500 mbar. Foi aplicada à amostra uma forma de onda de tensão triangular de 590 V de pico a pico a 10 kHz. A Figura 5.1 (b) mostra as caraterísticas de tensão e corrente para uma matriz de orifícios composta por 1024 cavidades com um diâmetro de 50 µm em Ar a uma pressão de 980 mbar. Neste caso, foi aplicada uma tensão de pico a pico de 580 V.

Ambos os gráficos mostram tipos de comportamento semelhantes. Nos gráficos, são apresentados um sinal de tensão (linha sólida preta), um sinal de corrente (linha tracejada azul) e um sinal µmT (linha tracejada vermelha). Com uma rampa de sinal triangular remota, a tensão começa a subir. Em algum ponto de rutura no primeiro meio período positivo, as microdescargas inflamam-se e o sinal µmT mostra o pico de emissão. Após alguns microssegundos, as descargas colapsam e o sinal µmT cai para zero. Com o aumento da tensão ao longo da rampa ascendente, a descarga reacende-se e novamente o sinal μmT mostra o pico de emissão. Este impulso no sinal μmT pode ser observado na Figura 5.1 (b). Isto conduz a uma espécie de picos múltiplos de μmT ou de sinais de corrente em meios períodos positivos e negativos. Este efeito pode estar relacionado com as concepções assimétricas dos eléctrodos e é discutido em pormenor nas próximas secções.

Perto da tensão máxima do meio ciclo positivo, a descarga extingue-se até que a descarga atinja a tensão de rutura no meio ciclo negativo seguinte. O mesmo fenómeno de ignição é repetido no ciclo negativo. Em geral, o sinal de corrente tem uma amplitude muito baixa. Para um MDR de furo único , a amplitude do sinal de corrente é menor do que a de uma matriz.

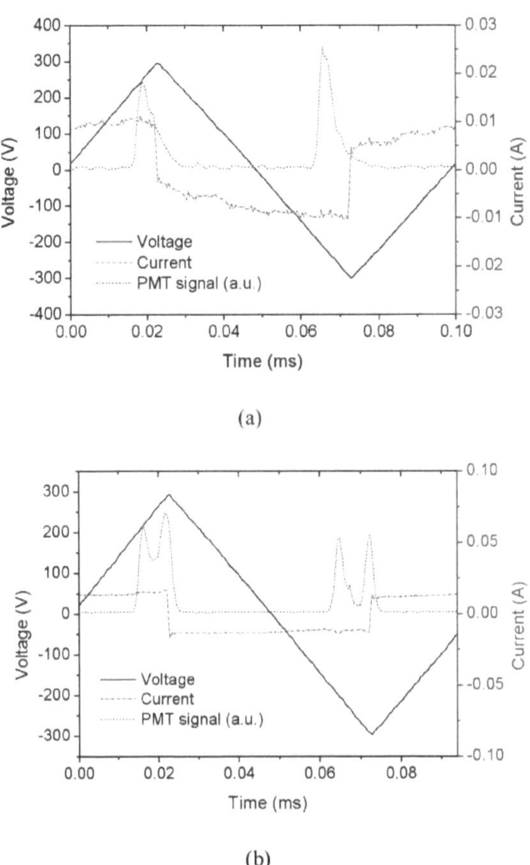

(a)

(b)

*Figura 5.1: Caraterísticas de tensão e corrente para uma frequência de 10 kHz (a) dispositivo de furo único com D = 100 μm em 500 mbar He a 590 V e (b) matriz de 1024 furos com D = 50 μm em 980 mbar Ar a 580 V.*

Os dispositivos fabricados são de natureza capacitiva devido à conceção dos seus eléctrodos, a corrente de deslocamento pode ser dada pela derivada do sinal de tensão aplicado. Para as experiências, medimos e analisámos a corrente de descarga e a emissividade. De um modo geral, as formas de onda da tensão e da corrente foram consideradas comparáveis para todos os MDRs que funcionam em corrente alternada. Note-se que as formas de onda da tensão e da corrente que são apresentadas nas figuras acima não são médias e fornecem os valores instantâneos durante um ciclo específico.

Estas medições não são suficientes para analisar a dinâmica da ignição de uma matriz. Efectuámos algumas medições de Espectroscopia de Emissão Ótica Resolvida por Fase (PROES) para obter uma caraterização resolvida no espaço da ignição do MDR durante um ciclo.

Como mencionado no primeiro capítulo, observou-se anteriormente que a ignição de microplasmas individuais não ocorre ao mesmo tempo, mas sim sucessivamente, tal como uma onda de ignição, tal como relatado por Waskoenig J. e Bottner H. nas refs. *[Was-08, Boe-10]*. Estas experiências foram efectuadas com amostras preparadas no laboratório de G. Eden. Propusemos algumas novas geometrias para investigar melhor o comportamento de ignição de reactores originais.

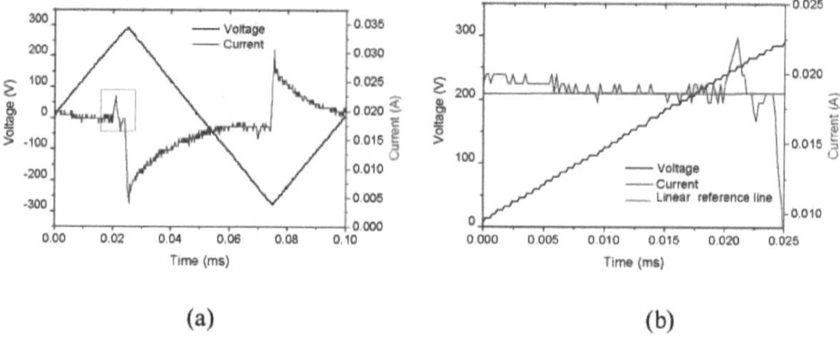

(a)                (b)

*Figura 5.2: (a) Formas de onda de tensão e corrente de uma matriz de 1024 orifícios com D = 100 μm a 10 kHz em 500 mbar Ar a 570 V e (b) parte ampliada (marcada por um quadrado vermelho no gráfico (a)) mostrando o pico de corrente com a linha de referência linear (linha sólida vermelha) para as medições da amplitude da corrente.*

A Figura 5.2 (a) mostra as formas de onda da tensão e da corrente para uma matriz de 1024 orifícios com um diâmetro (D) de 100 μm em corrente alternada com uma frequência de 10 kHz. A pressão do gás Ar foi de 500 mbar e a tensão de pico a pico foi de 570 V. Medimos a largura total a meio máximo (FWHM) dos picos de corrente, tanto para ciclos positivos como negativos. A Figura 5.2 (b) mostra a parte ampliada do pico de corrente durante o meio ciclo positivo (indicado por um quadrado vermelho na Figura 5.2 (a)). Para a medição do pico de corrente, é marcada uma linha de referência linear ao longo do nível do planalto da corrente de deslocamento, que serve de linha de base. Normalmente, obtém-se uma amplitude de pico de corrente de 4 mA com uma FWHM de 1,2 gs. O valor da corrente de descarga corresponde à soma das correntes,

132

distribuídas nas cavidades da matriz. Para as medições, foi utilizada uma gama de frequências entre 5 e 30 kHz. A frequências mais baixas (<5 kHz), a relação sinal/ruído da corrente era demasiado pequena, os picos de corrente não eram claramente identificados e os impulsos de corrente não podiam ser totalmente detectados, embora fossem observados impulsos do PMT. Para esta matriz, a densidade de corrente foi calculada considerando as cavidades como cilindros com uma profundidade de 4 µm e um raio de 50 µm. A densidade de corrente máxima calculada por cavidade foi de cerca de 43 mA.cm$^{-2}$. Note-se que nem todas as cavidades são necessariamente inflamadas no máximo do impulso de corrente. Mais uma vez, durante este impulso de corrente, uma onda de ignição está a propagar-se através da matriz. O máximo do impulso de corrente corresponde a um máximo de descargas inflamadas, mas pode não ser a totalidade delas. Por isso, este valor é um valor mínimo da corrente. Neste caso, a densidade da corrente é muito mais baixa do que em DC. De facto, em DC, encontrámos uma densidade de corrente de 0,8 A.cm$^{-2}$, que é cerca de 18 vezes superior à de AC.

### 5.2.1.2 Caracterização ótica da matriz resolvida no espaço

A figura 5.3 apresenta exemplos de emissão integrada no tempo para matrizes de orifícios múltiplos. Figura
5.3 (a) mostra uma imagem de câmara integrada no tempo de uma matriz de 1024 cavidades a funcionar a 10 kHz em 500 mbar de Ar. O diâmetro de cada cavidade era de 150 µm. A Figura 5.3 (b) mostra uma imagem de uma matriz mista de trincheiras (4 x 5 x 16) com cavidades rectangulares a funcionar a 10 kHz com 570 V de tensão pico a pico em 500 mbar de Ar.

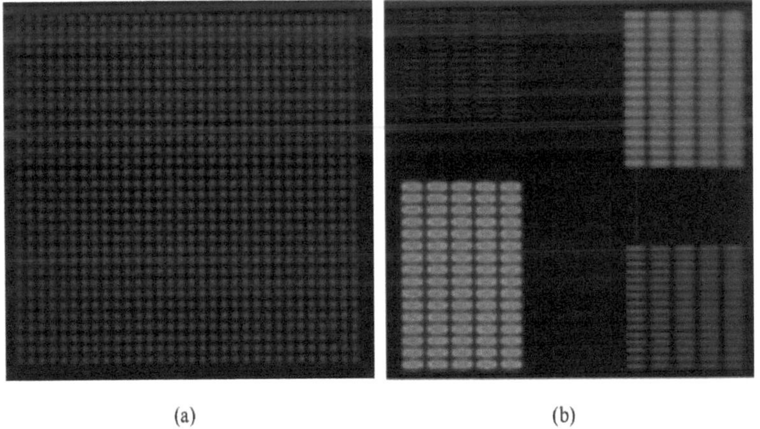

(a)        (b)

*Figura 5.3: Imagens integradas no tempo tiradas por uma câmara fotográfica, mostrando o modo de descarga dos MDRs operados em AC com frequência de 10 kHz em 500 mbar Ar (a) matriz de 1024 furos (32 x 32) com D = 150 µm e (b) matriz de trincheira mista (4 x 5 x 16).*

Este chip MDR tem quatro sub-matrizes diferentes com cavidades de 25, 50, 100 e 150 µm de largura e 500 µm de comprimento.

Na figura 5.3 (a), vemos que todas as microdescargas emitem dentro deste tempo de exposição. A emissão parece bastante homogénea na matriz. Note-se que a intensidade da matriz é muito inferior à que obtivemos em DC. Por este motivo, o tempo de exposição foi de cerca de 1/30 segundos para registar a emissão da matriz. Na figura 5.3 (b), vemos também que a emissão de cada subfeixe é bastante homogénea. A intensidade e o aspeto são diferentes de uma matriz para outra. Para os subarrays de trincheira de 25, 50 e 100 µm, a emissão parece homogénea em cada cavidade. Mas no sub-matriz de trincheira de 150 µm, a emissão dentro da trincheira não é homogénea: obtém-se uma emissão em forma de anel.

Estas imagens são interessantes para se ter uma ideia aproximada da emissão, mas como as imagens são integradas no tempo ao longo de milhares de ciclos, não podemos inferir a dinâmica da ignição destas matrizes. É por isso que o PROES e a medição ótica resolvida no tempo utilizando o µmT são necessários para compreender melhor os mecanismos. Na próxima parte, apresentamos os resultados para um dispositivo de furo único, antes de mostrar os resultados para matrizes.

### 5.2.2  Furo único MDR

A maior parte dos estudos publicados sobre MDRs que funcionam em CA foram efectuados em conjuntos de orifícios múltiplos *[Was-08, Boe-10]*. Mas para compreender melhor os mecanismos envolvidos numa matriz de múltiplos orifícios, estudámos primeiro a dinâmica de ignição de um dispositivo de orifício único. Desta forma, podemos deduzir se um efeito se deve à própria cavidade individual ou se se deve antes a cavidades próximas e a efeitos de proximidade. Para este estudo, concebemos vários diâmetros de MDR de furo único para realizar este estudo e investigar o efeito do diâmetro na ignição.

### 5.2.2.1  Efeito da frequência

A frequência de funcionamento da corrente alternada pode afetar o comportamento das microdescargas. Nesta secção, apresentamos os resultados relacionados com as variações da frequência de funcionamento. O sinal µmT foi considerado em vez da corrente de descarga (Id) para estudar as diferentes caraterísticas dos MDRs. De facto, a amplitude de Id é bastante baixa e, por vezes, era difícil distinguir Id do ruído presente no gráfico da caraterística V-I. O sinal µmT segue o sinal Id. Um exemplo dos sinais Id e µmT é mostrado na figura 5.4 para um orifício simples de 50 µm de diâmetro durante um meio ciclo positivo a 5 kHz e para 750 mbar de Ar. Podemos verificar claramente que o sinal µmT segue os picos Id.

A Figura 5.5 mostra os sinais de µmT e de tensão para um orifício simples de 100 µm de diâmetro em 760 mbar de He. A tensão aplicada de pico a pico foi de 600 V e a frequência foi de 10 kHz. No mesmo gráfico, as imagens de evolução do MDR também são mostradas com o sinal de µmT. Durante o meio ciclo positivo, vemos que a tensão de rutura se situa em cerca de 250 V na rampa de tensão, o que corresponde ao aumento súbito do sinal µmT. Durante este meio ciclo positivo, obtém-se um único impulso que indica a ignição da descarga. A ignição das descargas também pode ser observada pelas imagens de inserção relacionadas. A duração do impulso é de aproximadamente 23 ps de largura. Após este impulso, a tensão entre os dois eléctrodos é demasiado baixa para manter o microplasma. O microplasma poderia inflamar-se novamente se a tensão aplicada continuasse a aumentar até atingir novamente a tensão de rutura. Mas antes de atingir este valor, a tensão aplicada atinge o seu máximo e a rampa de tensão é invertida. Durante o meio ciclo negativo, observamos que a rutura é atingida para uma tensão de -150 V na rampa de tensão, que é inferior em valor absoluto à obtida durante o primeiro meio ciclo. Aparece um primeiro impulso do sinal μmT. A sua duração e intensidade são ligeiramente inferiores às obtidas no meio ciclo positivo. A tensão aplicada continua a aumentar em valor absoluto, e obtém-se um segundo impulso quando a tensão aplicada atinge -280 V com a rampa de tensão. Desta vez, o impulso de μmT é bastante semelhante ao obtido no primeiro meio ciclo. Este terceiro impulso é seguido por um impulso de μmT mais largo e semi-desenvolvido.

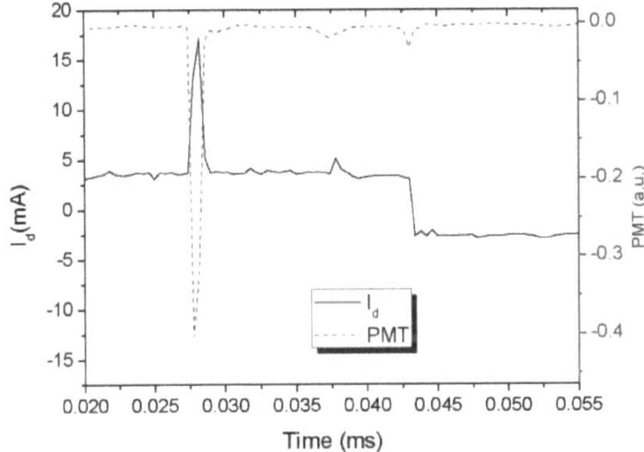

*Figura 5.4: Comportamento da corrente de descarga (Id) e μmT em função do tempo para um MDR de furo único com um diâmetro de cavidade de 50 μm durante o meio ciclo positivo a 750 mbar Ar.*

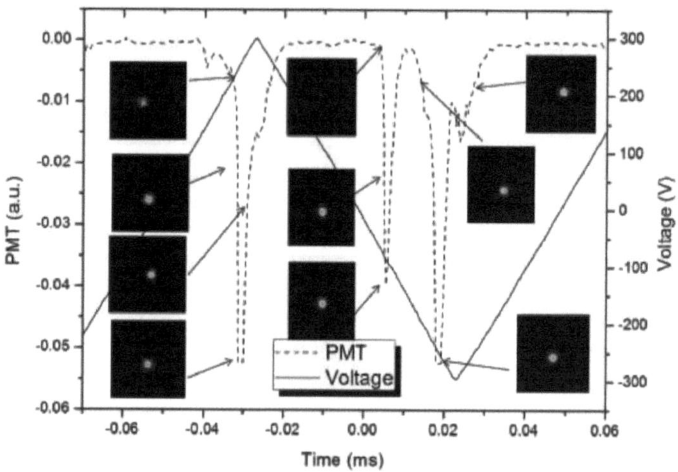


*Figura 5.5: Sinais PMT e de tensão em função do tempo para um MDR de furo único com um diâmetro de cavidade de 100 µm em 760 mbar He a 600 Vpp. As imagens inseridas mostram imagens ICCD do microplasma em diferentes instantes.*
*(As imagens têm cores falsas)*

Este fenómeno de ter alguns impulsos mais curtos no meio ciclo pode estar relacionado com os efeitos de memória. Por exemplo, após o fim do meio-ciclo positivo, o próximo meio-ciclo negativo ocorre dentro de alguns 10s de microssegundos. Assim, devido ao efeito de memória anterior (como explicado na última secção), a descarga tende a inflamar-se mais cedo, com um valor de tensão mais baixo. Mas, entretanto, a tensão é ligeiramente baixa para inflamar completamente as descargas com uma intensidade elevada e vemos uma queda no sinal µmT. Depois, devido ao aumento da rampa de tensão, a descarga inflama-se novamente com uma intensidade elevada e obtém-se um sinal µmT forte. Ao mesmo tempo, a tensão atinge o seu valor máximo e depois começa a diminuir novamente. Assim, neste momento, podemos obter um impulso de meio µmT muito pequeno.

### 5.2.2.2 Dinâmica da ignição

Como já foi referido, para estudar a dinâmica de ignição dos MDRs, utilizámos a espetroscopia de emissão ótica resolvida em fase (PROES), tal como descrito no capítulo 2. Nesta secção, apresentamos os resultados obtidos para um único furo. Foi montada uma câmara ICCD em frente do furo único. Para cada fase, foi registada e acumulada uma série de imagens. O intervalo de tempo entre duas imagens de uma série foi de 200 nanossegundos. Em seguida, utilizando o software da câmara ICCD "La Vision", foi possível gerar um filme de resolução de fases.

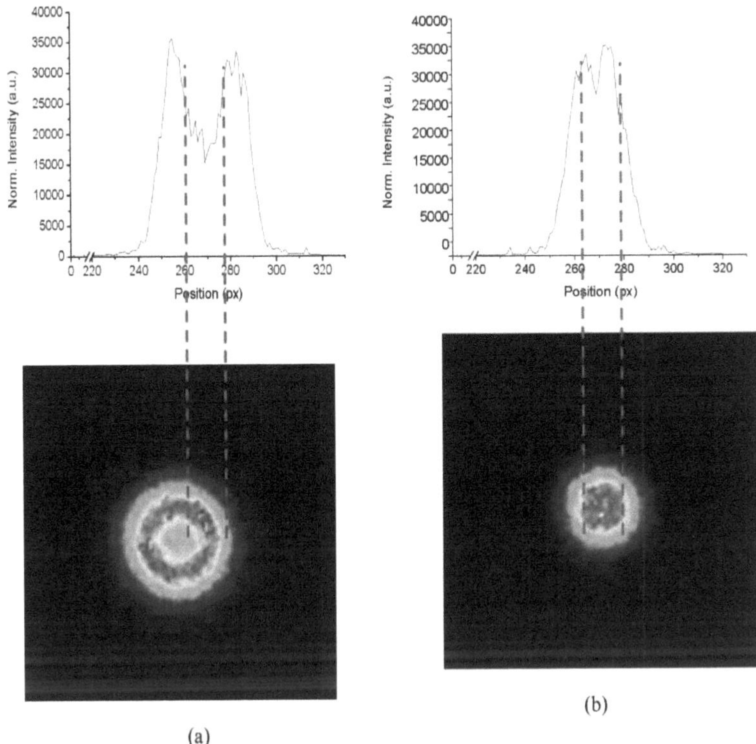

(a)

(b)

*Figura 5.6: Imagens ICCD obtidas para uma cavidade simples de 50 pm de diâmetro durante (a) meio ciclo positivo e (b) meio ciclo negativo a 750 mbar Ar, 720 Vpp, frequência de 10 kHz. A linha tracejada vermelha indica o diâmetro aproximado da cavidade. O gráfico para cada imagem correspondente mostra o perfil de intensidade da descarga em meios ciclos positivos e negativos. (As imagens têm cores falsas)*

As imagens ICCD tiradas para um MDR de furo único de 50 μm são mostradas na figura 5.6 (a) durante meios-ciclos positivos e (b) negativos. A experiência foi efectuada em 750 mbar Ar com uma tensão aplicada de 720 Vpp a 10 kHz.

Na figura 5.6, o diâmetro aproximado da cavidade é marcado por linhas verticais a tracejado vermelho nas imagens ICCD. Estas linhas tracejadas vermelhas são depois alargadas aos perfis das imagens correspondentes para mostrar o limite aproximado do diâmetro da cavidade nos gráficos. As imagens foram obtidas para um único impulso, a partir de uma série de impulsos de rutura.

Na figura 5.6 (a), pode observar-se uma emissão máxima intensa em forma de anel da microdescarga perto do bordo da cavidade. Assim, a intensidade é muito baixa no centro da cavidade. Para diâmetros de cavidade maiores (por exemplo, 150 μm), a intensidade no centro foi ainda mais baixa. O perfil de emissão feito num diâmetro também confirma esta amplitude mais baixa no centro da cavidade, ao passo que se obtém um máximo de emissão no bordo.

No meio ciclo negativo (Figura 5.6 (b)), pode observar-se uma emissão máxima da descarga no centro da cavidade MDR. O gráfico correspondente confirma este facto pela estrutura semelhante a um planalto que aparece no centro e mostra, assim, uma forma semelhante a um sino para o gráfico de emissão.

De facto, diferentes processos de excitação estão envolvidos na emissão assimétrica dos impulsos durante os meios ciclos positivos e negativos. A emissão mais brilhante do MDR de furo único foi observada durante o meio ciclo positivo em comparação com o negativo.

Este fenómeno foi observado em todos os casos, independentemente da amplitude da tensão aplicada, da frequência e da natureza do gás. Mas este efeito é menos proeminente em pequenos diâmetros de cavidade, cerca de 25 μm. Este fenómeno está relacionado com a emissão que se segue à excitação por impacto de electrões.

No meio ciclo positivo, a densidade de electrões é máxima perto do bordo da cavidade da descarga. [No meio ciclo positivo, o Ni actua como ânodo.

Os electrões são acelerados para fora da cavidade MDR em direção à superfície de Ni. Assim, devido à sua direção na camada superior do elétrodo de Ni, a emissão da cavidade parece mais larga e tem uma intensidade máxima no bordo, como mostra o gráfico da figura 5.6 (a).

Mas no meio período negativo, os electrões são acelerados do elétrodo de Ni para as cavidades MDR, atingindo o limiar de excitação mais profundamente no interior das cavidades.

Nesta direção, mais electrões podem perder-se devido à neutralização da superfície, pelo que menos electrões podem atingir o limiar. Assim, menos espécies são excitadas num volume mais pequeno e observa-se uma caraterística de emissão mais confinada e, por vezes, menos brilhante.

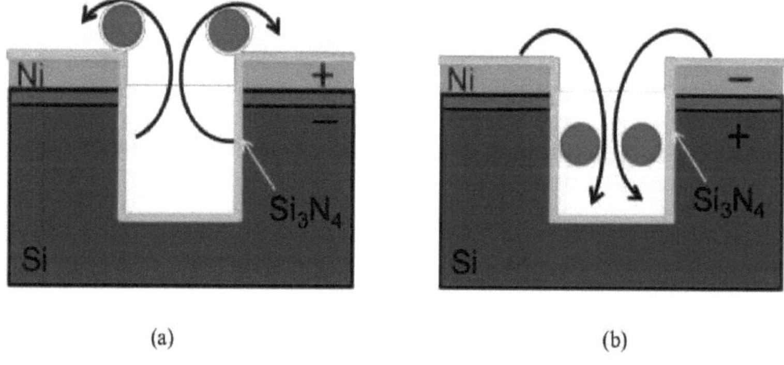



(a)                                                                 (b)

*Figura 5.7: Esquema da secção transversal da cavidade cilíndrica para um único orifício, mostrando o conceito de dinâmica de emissão assimétrica em (a) meio ciclo positivo e (b) em meio ciclo negativo.*

Este conceito pode ser explicado pelo esboço da secção transversal do MDR de furo único, como mostra a figura 5.7. Nesta figura, a disposição das cavidades do reator de furo simples é mostrada para (a) semiciclos positivos e (b) negativos. Como se mostra nesta secção, no semiciclo positivo, a excitação é mais eficaz perto do bordo da cavidade e, por conseguinte, o MDR é mais brilhante perto do bordo e acima da superfície do níquel. Isto pode ser representado pelo movimento dos electrões (setas pretas no esboço), como mostra a figura 5.7 (a), onde os electrões são dirigidos para o elétrodo superior de Ni. Deverá obter-se uma maior densidade de electrões na área representada pelos círculos vermelhos. Pelo contrário, para o meio ciclo negativo, a direção e a trajetória dos electrões são invertidas. Assim, a excitação dos electrões é mais pronunciada no interior da cavidade, conduzindo a uma região de emissão mais pequena, concentrada no centro da cavidade. Este fenómeno é mostrado na figura 5.7 (b), onde a área circular preenchida a vermelho mostra a zona de maior densidade de electrões neste ciclo.

### 5.2.2.3 Efeito da pressão

Para os MDR de furo único, estudámos o efeito da alteração da pressão na dinâmica da ignição. A Figura 5.8 mostra os gráficos de intensidade normalizada para (a) meios ciclos positivos e (b) negativos para diferentes pressões em Ar. Neste caso, foi utilizado um MDR de furo único com um diâmetro de cavidade de 150 μm para a caraterização. A tensão aplicada foi mantida em torno de 620 Vpp a uma frequência de 10 kHz. Para diferentes pressões de gás, foram registadas imagens ICCD utilizando técnicas PROES com uma resolução temporal de 200 ns para meios-ciclos positivos e negativos. O gráfico da intensidade normalizada para cada meio ciclo e para as pressões correspondentes foi registado utilizando o software.

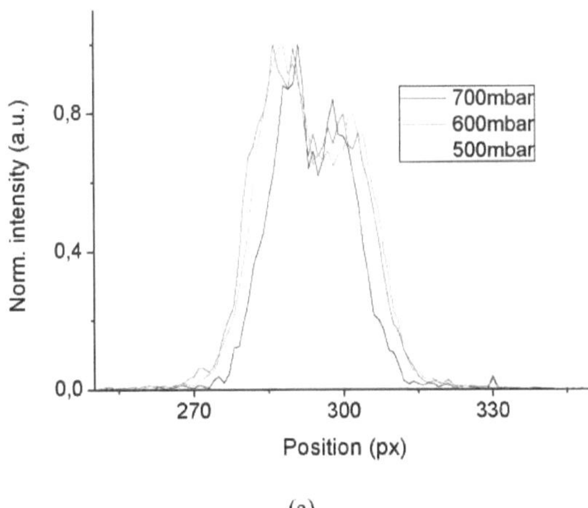


(a)

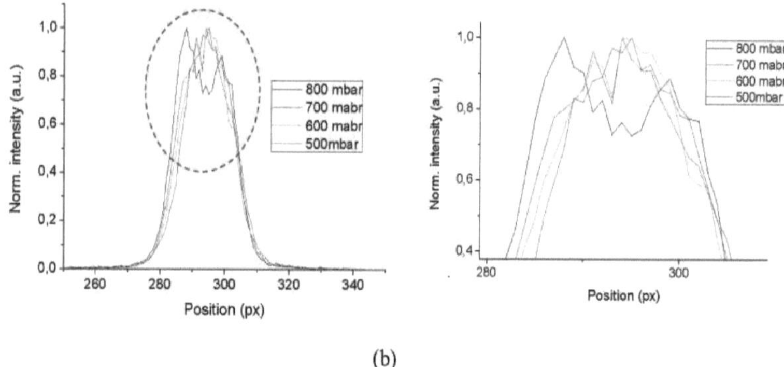

(b)

***Figura 5.8: Intensidade de emissão normalizada para MDR de orifício único com 150 µm de diâmetro de orifício de cavidade em (a) positivo e (b) em meios-ciclos negativos para 650 Vpp de tensão aplicada a 10 kHz em gás árgon a diferentes pressões (a figura do lado direito é um zoom da figura b).***

Para os semiciclos positivos, a figura 5.8 (a) mostra os gráficos de intensidade normalizada para três pressões diferentes de 500, 600 e 700 mbar. Todos os gráficos têm as mesmas caraterísticas para o meio ciclo positivo, tal como referido na última subsecção. Aqui, observamos a diminuição da largura do impulso, com o aumento da pressão.

Para o meio ciclo negativo, a figura 5.8 (b) mostra os gráficos de intensidade normalizada para as pressões de gás de 500, 600, 700 e 800 mbar. As curvas têm a forma de sino, tal como referido na última subsecção. A partir destes gráficos, pode ver-se que a largura do impulso aumenta com a pressão.

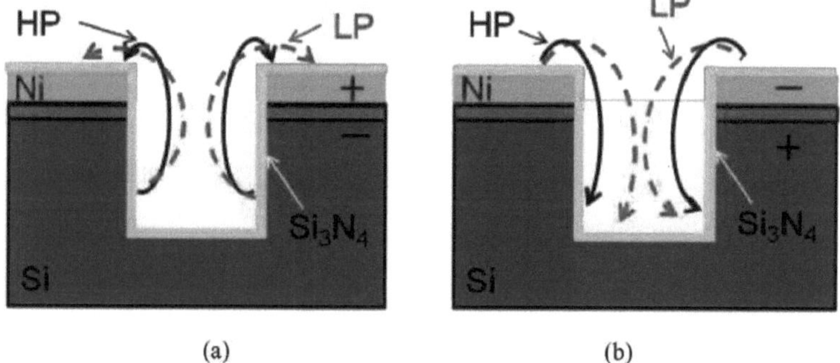

(a)                                        (b)

***Figura 5.9: Esquema do MDR de furo único mostrando o efeito da pressão (pressão mais alta [HP], pressão mais baixa [LP]) para (a) meio ciclo positivo e (b) negativo.***

Esta caraterística da variação da largura da curva (FWHM) pode estar relacionada com o movimento dos electrões e as suas trajectórias durante os meios ciclos positivos e negativos da

140

tensão aplicada. A pressões mais elevadas, os electrões têm um caminho livre médio menor. No semiciclo positivo, a uma pressão mais baixa, os electrões seguem um caminho longe do bordo da cavidade e têm uma trajetória mais longa. Mas, a uma pressão mais elevada, os electrões apenas caem perto do limite da cavidade, como mostra a figura 5.9 (a). Assim, para pressões mais baixas, podemos ter gráficos de intensidade com uma largura de impulso maior e vice-versa.

No semi-ciclo negativo, a uma pressão mais baixa, os electrões percorrem uma distância maior em direção ao centro da cavidade a partir da camada superior de Ni, tornando a largura da curva de intensidade mais curta. Ao passo que, a uma pressão mais elevada, os electrões apenas caem no interior da cavidade, perto do limite da cavidade, produzindo uma curva de intensidade mais larga, como se mostra na figura 5.9 (b).

### 5.2.2.4  Auto-pulsação

Tal como referido anteriormente neste capítulo, o nosso dispositivo comporta-se como um DBD. A ignição das microdescargas não é contínua. Para estudar mais profundamente o fenómeno de auto-pulsação para MDRs de furo único com a variação de diferentes parâmetros, utilizámos medições PROES. Em primeiro lugar, investigou-se o comportamento da descarga sob a variação da frequência. A Figura 5.10 mostra o efeito da mudança na frequência de operação para uma tensão aplicada de 720 Vpp para um MDR de furo único com um diâmetro de cavidade de 50 µm a 750 mbar Ar. Estes gráficos da intensidade normalizada em função do tempo foram obtidos a partir das experiências PROES, utilizando o software desenvolvido em Bochum. Aqui, foi calculada a intensidade normalizada para a área selecionada de um único pixel. Nesta medição, foram utilizadas diferentes frequências (a) 5 kHz, (b) 10 kHz, (c) 20 kHz e (d) 30 kHz. A figura 5.10 mostra que, a baixa frequência, os perfis de intensidade não estão completamente separados em comparação com as frequências mais elevadas: uma espécie de emissão contínua sobrepõe-se aos impulsos de emissão. Por exemplo, a 5 kHz, é difícil distinguir o número total de impulsos de emissão por meio ciclo, mas para uma frequência mais elevada (por exemplo, 30 kHz), podem ser observados três picos bem evoluídos em ambos os meios ciclos positivos e negativos.

De facto, a frequências mais baixas, podem formar-se algumas espécies (por exemplo, metaestáveis) devido ao maior tempo de duração dos semiciclos. No capítulo 3 (secção 3.4.3), verificou-se que o tempo típico para atingir o estado estacionário da densidade de metaestáveis é de cerca de 30 ps. Este tempo é atingido a baixa frequência (figura 5.10 (a)). Assim, a baixa frequência, estas espécies acumulam-se durante o meio ciclo e, quando a descarga entra em ignição, podem contribuir para a formação da emissão contínua. Esta acumulação de metaestáveis não se verifica a frequências mais elevadas. É por isso que se observa um comportamento de picos múltiplos de ignição.

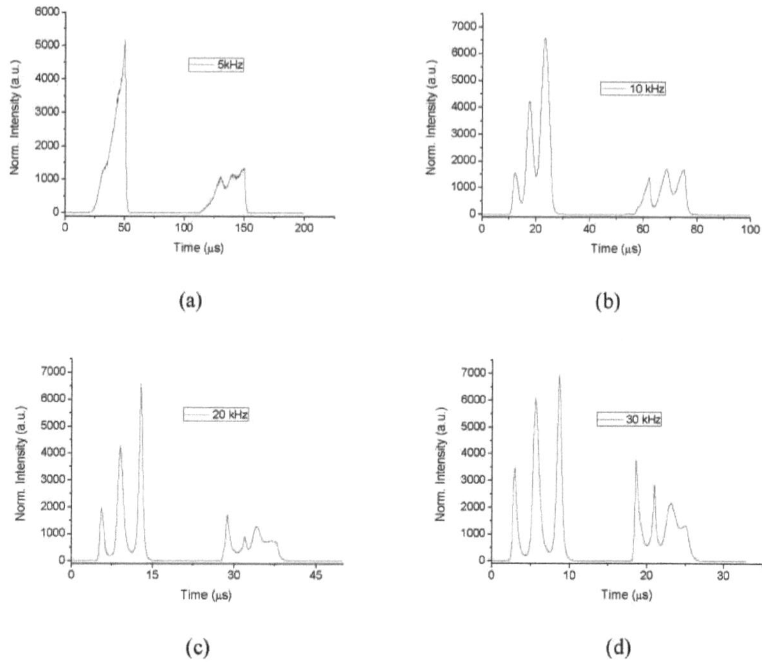


*Figura 5.10: Evolução da intensidade em função do tempo num período para duas frequências diferentes para um MDR de furo único com um diâmetro de cavidade de 50 µm, excitado por uma tensão CA de 720 Vpp em 750 mbar de Ar.*

### 5.2.3 Matriz MDR

Nesta secção, apresentamos os resultados para os dispositivos de matriz com 1024 orifícios com diâmetros de 25, 50, 100 e 150 µm. Para estas matrizes, foram variados diferentes parâmetros para as estudar em pormenor.

#### 5.2.3.1 Efeito da variação da frequência e da tensão

Para este estudo, a pressão do gás foi mantida a 500 mbar em Ar. A matriz de MDR com 1024 cavidades com 100 µm de diâmetro foi estudada variando a frequência de funcionamento e a tensão aplicada, de 2 a 20 kHz e de 530 a 600 Vpp, respetivamente. Os sinais µmT para os correspondentes meios-ciclos positivos e negativos foram registados e analisados. A figura 5.11 mostra gráficos para a largura calculada (em ms) dos sinais µmT, obtidos pelo osciloscópio para (a) meio ciclo positivo e (b) negativo da tensão aplicada.

A partir desta figura, vemos claramente que a largura do sinal µmT diminui à medida que a frequência aumenta.

Pode observar-se um tipo de decaimento mais exponencial no caso do meio ciclo negativo. Como se observa nestes gráficos, a uma determinada frequência, a largura do sinal µmT aumenta com o aumento da tensão nos meios-ciclos positivos e negativos.

Com o aumento da largura do impulso, o número de comboios de impulsos aumenta em ambos os casos de aumento da frequência e do aumento da tensão. Correlacionando com as respectivas amplitudes de pico dos sinais µmT, conclui-se que, com o aumento da largura dos sinais µmT, as correspondentes amplitudes de pico diminuem.

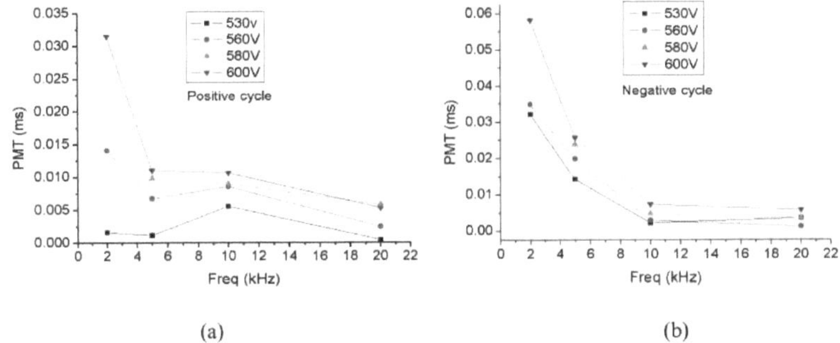


***Figura 5.11: Largura do sinal do PMT para frequências variáveis para (a) meio ciclo positivo e (b) meio ciclo negativo.***

O fenómeno de aumento do número de picos com o aumento da frequência é semelhante ao obtido para a MDR de furo único. Assim, a acumulação de metaestáveis e de excímeros com impulsos sucessivos de corrente de descarga pode estar na origem deste efeito.

Por outro lado, o aumento do número de picos, com o aumento da tensão pico a pico numa determinada frequência, pode estar relacionado com o tempo de vida das espécies excitadas e com a correspondente rampa de tensão para meios-ciclos positivos e negativos.

Um aumento da tensão de pico a pico aplicada a uma determinada frequência conduz a um aumento do declive da tensão aplicada dU/dt.

Assim, após a primeira ignição num meio ciclo, a rampa de tensão crescente pode fornecer energias suficientes ao dispositivo para produzir o impulso seguinte na mesma fase antes da mudança de polaridade.

Isto conduzirá a um número crescente de explosões de emissão por meio ciclo, bem como a densidades superficiais de carga mais elevadas nas superfícies dieléctricas *[Amb-10]*

Assim, o aumento da tensão pico a pico e, consequentemente, das densidades de carga superficiais mais elevadas, pode levar a uma ligeira diminuição da tensão necessária para gerar as próximas explosões. Isto pode levar a picos múltiplos num meio ciclo.

### 5.2.3.2 Dinâmica da matriz

A dinâmica das matrizes de MDR também foi estudada com o método PROES. Para este estudo, foi utilizado um dispositivo MDR com sub-matrizes de 50, 150 e 100 µm de diâmetro (de baixo para cima) num único chip, como mostra a figura 5.12.

As medições PROES foram efectuadas a 1000 mbar de Ar com uma frequência de 10 kHz a cerca de 540 V de tensão pico a pico.

Uma área contendo uma matriz de orifícios de 150 µm foi focada na câmara ICCD. Foram captadas imagens para meios ciclos positivos e negativos. Os perfis de intensidade normalizados correspondentes são apresentados na figura 5.13.

*Figura 5.12: Imagem ICCD em modo estático da matriz com reactores de descarga de furos mistos com matrizes de subfuros de 50, 150 e 100 µm de diâmetro (de baixo para cima). (A imagem tem cores falsas)*

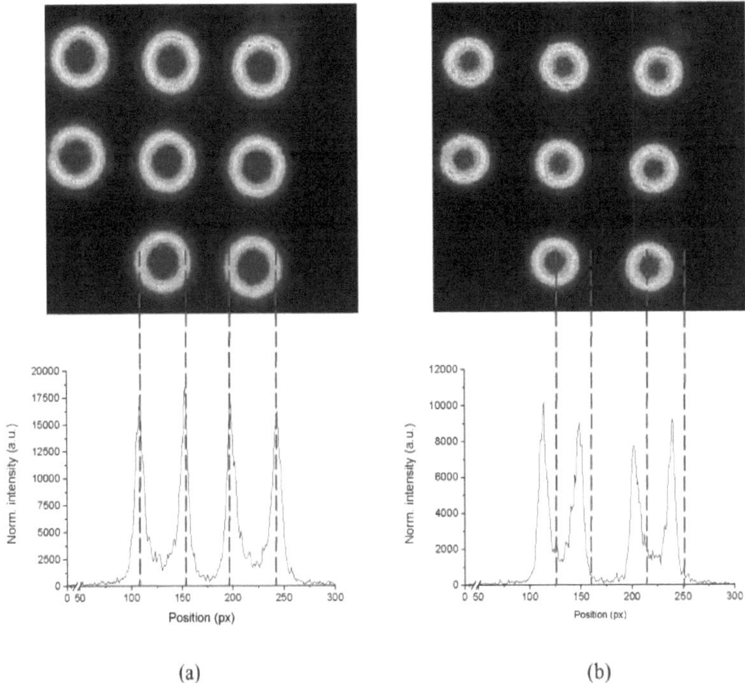

(a)                (b)

*Figura 5.13: Perfis de intensidade normalizados com as correspondentes imagens da câmara ICCD (com cores falsas) tiradas no máximo do sinal do PMT para a submatriz de 150 µm da matriz de orifícios mistos, (a) em meio ciclo positivo e (b) negativo.*

As linhas tracejadas vermelhas indicam as áreas de pico de intensidade nos gráficos, bem como nas imagens ICCD correspondentes. À semelhança dos MDR de furo único (como referido na secção anterior), para o meio ciclo positivo, as cavidades inflamadas têm áreas mais amplas do que para o meio ciclo negativo. O fenómeno de ignição é semelhante ao de um furo simples. Mas, neste caso, as cavidades são maiores, com um diâmetro de cavidade de 150 µm em comparação com o MDR de furo único de 50 µm (mostrado na figura 5.6). Aqui, o efeito de uma área mais ampla pode ser facilmente comparado com uma área de cavidade mais pequena para fenómenos de ignição de extremidades.

Devido a uma área maior, o centro da cavidade parece ter uma intensidade muito baixa. Isto pode estar relacionado com a trajetória assumida pelos electrões durante os semiciclos positivo e negativo, como explicado acima *[Boe-10]*. No semiciclo negativo, mesmo que a direção dos electrões se dirija para o centro da cavidade, obtém-se uma área com uma intensidade luminosa muito fraca no centro devido ao diâmetro muito grande da cavidade. Isto é completamente oposto para cavidades mais pequenas, onde vemos uma área muito mais brilhante perto do centro da cavidade. Esta conclusão reforça a ideia da relação entre a direção dos electrões por meio-ciclo e o efeito de ignição da borda.

### 5.2.3.3  Onda de ionização

A espetroscopia de emissão ótica resolvida no espaço bidimensional e na fase mostra a existência de uma onda de ignição para cada explosão de emissão da matriz *[Was-08, Boe-10]*. A Figura 5.14 mostra a existência dessa onda de ignição numa matriz de 1024 cavidades (100 µm de diâmetro) a 500 mbar Ar, 570 Vpp a 10 kHz de frequência para o meio ciclo negativo. As imagens foram obtidas utilizando a configuração PROES e no início da ignição da matriz no ciclo negativo a 19400 ns.

Em cada imagem, o tempo corresponde ao tempo de atraso entre imagens. As ondas de ignição que partem dos cantos e se dirigem para o centro da matriz podem ser vistas nesta série de imagens. Neste caso, as ondas de ignição estão a convergir para o centro do chip MDR. Este facto pode ser claramente observado na figura 5.14, em termos da intensidade crescente em direção ao centro do chip.

Geralmente, a onda de ignição parte de um canto do conjunto e propaga-se através da superfície do conjunto. No entanto, não foi observada uma direção privilegiada para a propagação da onda. Podem começar em qualquer canto ou formar-se no centro da matriz. Devido à reprodutibilidade não perfeita do fabrico do reator, podem ser observados comportamentos diferentes de um conjunto para outro. Por vezes, as ondas tinham origem nas cavidades com alguns defeitos, como se pode ver na figura 5.14.

A origem desta onda de ignição não é ainda muito bem compreendida. De acordo com a ref. *[Was-08, Boe-10]*, o fenómeno da onda de ignição pode ser indiretamente devido aos iões, que se dirigem para o cátodo e geram uma emissão secundária de electrões. Assim, a transição da descarga Townsend para a descarga incandescente ocorre durante a evolução de uma explosão de emissão para as cavidades iniciais.

A emissão consecutiva passa para as cavidades adjacentes e pode levar a um comportamento semelhante a uma onda de ignição. Este comportamento coletivo observado das cavidades com uma onda de ionização tem uma influência significativa no desempenho do dispositivo. Isto pode ajudar a inflamar todas as cavidades MDR presentes numa matriz através da transferência de carga para as cavidades vizinhas.

Este tipo de comportamento, incluindo a troca de energia entre as cavidades, pode ter algumas das aplicações potenciais; por exemplo, é possível fabricar um tipo de dispositivo lab-on-a-chip, que pode permitir a análise de diferentes espécies biológicas com a evolução temporal, utilizando o fenómeno da onda de ignição.

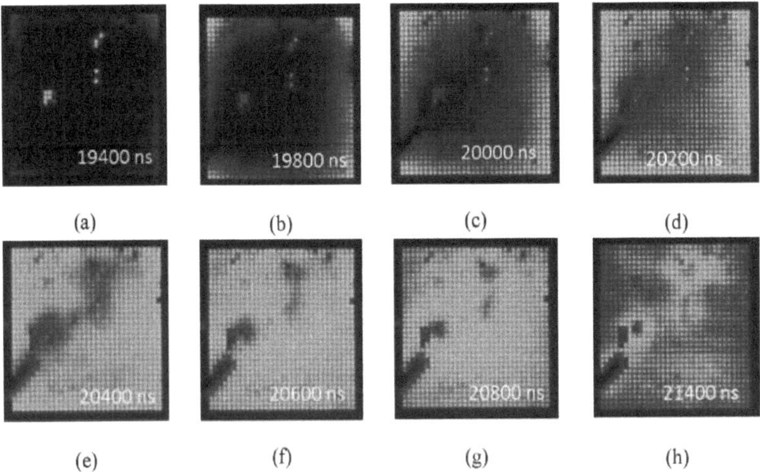


*Figura 5.14: Ondas de ignição numa matriz com 1024 orifícios com diâmetro de cavidade de 100 µm a 500 mbar Ar para meio ciclo negativo. (As imagens têm cores falsas)*

## 5.2.4 Feixe de trincheiras mistas

As matrizes contendo quatro sub-matrizes de diferentes dimensões de trincheiras foram estudadas em regime AC. Como explicado no capítulo 2, as quatro matrizes tinham 80 (5 x 16) trincheiras com um comprimento de 500 µm e uma largura de 25, 50, 100 e 150 µm, respetivamente.

Este tipo especial de disposição permitiu comparar o comportamento dos diferentes subarrays sob as mesmas condições paramétricas. A colocação dos quatro sub-arrays na mesma pastilha de Si garante que os parâmetros físicos e de fabrico são os mesmos para cada sub-array. Nesta secção, apresentamos os resultados das experiências PROES realizadas para estas matrizes.

### 5.2.4.1 Fenómenos de ignição nas extremidades

A figura 5.15 mostra um exemplo de uma subfaixa de trincheira de 150 µm x 500 µm em 1000 mbar de Ar com 800 V de tensão pico a pico e uma frequência de funcionamento de 10 kHz. A partir destas imagens, pode ver-se claramente a diferença entre meios-ciclos positivos (figura 5.15 (a)) e negativos (figura 5.15 (b)). Observa-se uma maior área de trincheira inflamada para o meio ciclo positivo em comparação com o meio ciclo negativo.

A explicação deste fenómeno pode ser dada com base no movimento dos electrões com os semiciclos positivo e negativo, tal como explicado na secção dos MDR de furo único. Assim, devido à direção do eletrão em direção aos eléctrodos de Ni durante o meio ciclo positivo, vemos uma área de trincheira inflamada mais larga. No caso do semiciclo negativo, esta direção é invertida e os electrões deslocam-se para o lado dos eléctrodos de Si, o que resulta numa área de ignição mais pequena.

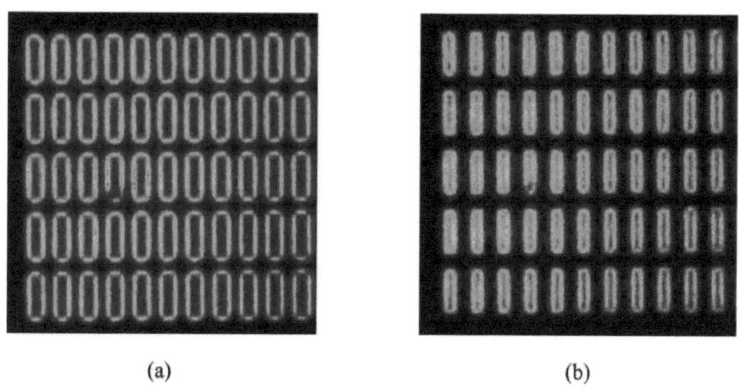

(a)                  (b)

*Figura 5.15: Fenómenos de ignição dos bordos de matrizes de trincheiras de 150 µm x 500*
*µm em (a) meio ciclo positivo e (b) meio ciclo negativo. (As imagens têm cores falsas)*

### 5.2.4.2   Onda de ignição

A Figura 5.16 mostra as ondas de ignição para a subfaixa de trincheira de 50 µm. As
experiências PROES foram efectuadas a 750 mbar Ar com uma tensão aplicada de 530 Vpp a
uma frequência de 10 kHz. Esta figura mostra os resultados obtidos durante o meio ciclo
positivo. Nesta figura, são apresentadas imagens com os correspondentes gráficos de
intensidade normalizada em função da posição.

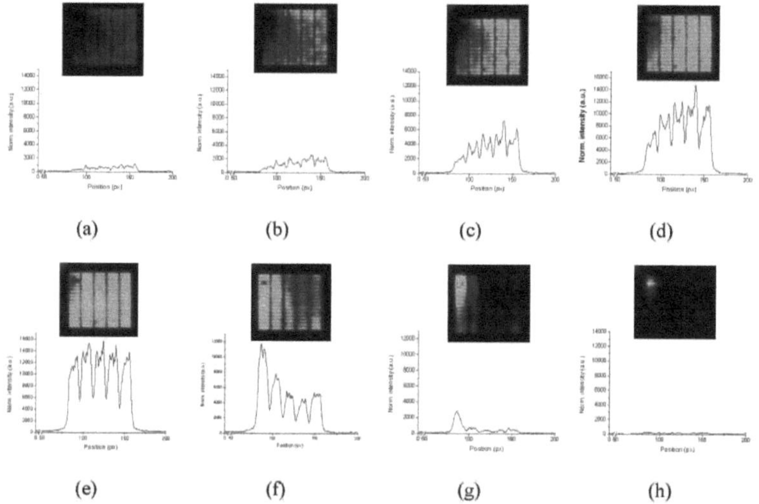

*Figura 5.16: Ondas de ignição numa sub-rede de trincheira de 50 µm a 750 mbar Ar com 530*
*Vpp de tensão aplicada e 10 kHz de frequência. (As imagens têm cores falsas)*

Nesta figura, pode ver-se claramente uma onda de ionização que se desloca da direita para a esquerda. A onda começa no canto direito da matriz, como mostra a imagem/perfil da figura 5.16 (a). Depois, ao passar por toda a matriz, esta onda termina no canto esquerdo, como mostra a figura 5.16 (h).

Os perfis de intensidade normalizados correspondentes indicam que a ocorrência destas ondas de ionização é um fenómeno contínuo: os perfis mostram um conjunto de impulsos contínuos. Este fenómeno é o mesmo que o explicado na subsecção anterior.

### 5.2.4.3 Tendências de ignição

Nesta sub-secção, apresentamos as tendências de ignição relacionadas com cada sub-array presente no chip. O comportamento da ignição para cada sub-array foi estudado relacionando-o com a tensão aplicada. A tensão aplicada foi variada de duas formas diferentes. No primeiro caso, a tensão foi aumentada manualmente e foram registadas imagens do modo estático da câmara ICCD para cada aumento da tensão aplicada. No segundo caso, foi mantida uma tensão aplicada de pico a pico, que foi suficiente para inflamar os quatro subarrays em conjunto. Em seguida, foram efectuadas experiências PROES com uma rampa de tensão triangular.

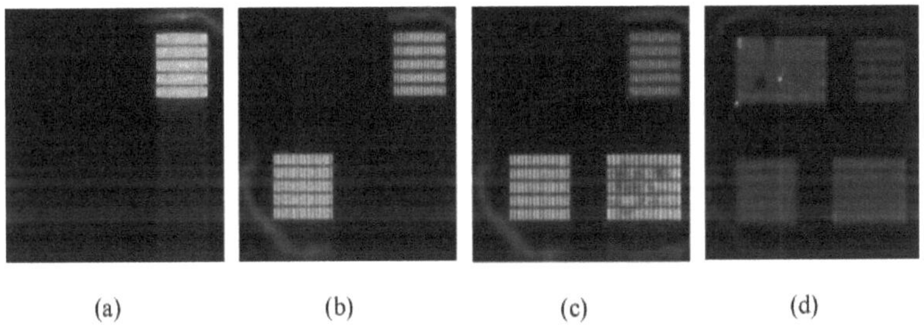

(a)       (b)       (c)       (d)

*Figura 5.17: Imagens ICCD em modo estático com tendência para a ignição durante o aumento manual da tensão aplicada de pico a pico a (a) 517 V, (b) 531 V, (c) 544 V e (d) 550 V para uma matriz mista de trincheiras a 700 mbar Ar. (As imagens têm cores falsas)*

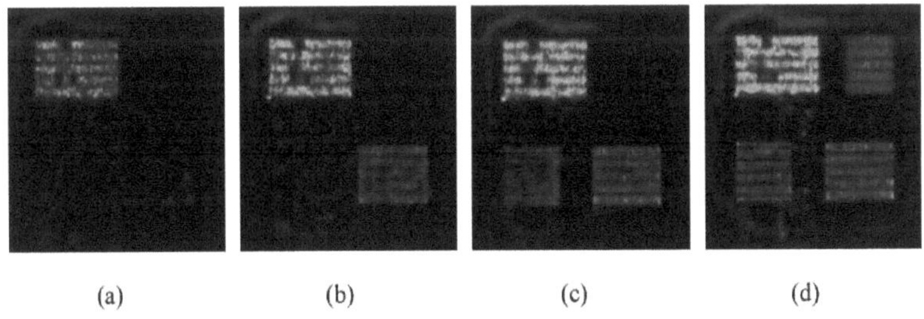

(a)       (b)       (c)       (d)

*Figura 5.18: Tendência de ignição registada com a experiência PROES para uma tensão aplicada de pico a pico de ~ 545 V com rampa triangular de 10 kHz de frequência a 700 mbar Ar. (As imagens têm cores falsas)*

A figura 5.17 mostra a tendência de ignição registada ao aumentar manualmente a tensão pico a pico. A pressão foi mantida a 700 mbar de Ar. A partir desta série de imagens, podemos ver que as 25 trincheiras de largura começam a inflamar-se primeiro quando a tensão pico a pico atinge 517 V. Ao aumentar ainda mais a tensão pico a pico para 531 V, o subconjunto de trincheiras mais largo (trincheiras de 50 µm de largura) inflama-se com maior intensidade. Quando a tensão aplicada de pico a pico é fixada em 550 V, as quatro sub-matrizes com 25, 50, 100 e 150 µm inflamam-se.

Agora, mantendo a tensão de pico a pico constante em ~ 545 V, foram efectuadas experiências PROES com uma rampa triangular com uma frequência de 10 kHz e uma resolução temporal de 200 ns. Como se observa na figura 5.18, verificamos que as trincheiras maiores (100 e 150 µm de largura) se inflamam primeiro. Depois, com uma tensão mais elevada, as trincheiras de 50 µm começam a inflamar-se. Por fim, todos os quatro subarrays se inflamam (imagem d).

Em resumo, quando a tensão aplicada de pico a pico é suficientemente elevada para inflamar todos os sub-matrizes, os sub-matrizes de trincheiras mais largas inflamam-se primeiro. Mas, quando a tensão aplicada de pico a pico não é suficiente para inflamar todas as trincheiras, apenas os sub-matrizes de trincheiras estreitas se inflamam. A tendência de ignição para ambos os casos pode estar relacionada com a excitação dos metaestáveis com o fornecimento de energia suficiente.

No primeiro caso, em que a tensão pico a pico foi aumentada manualmente, é possível que as cavidades mais pequenas tenham obtido densidade de energia suficiente para atingir o limiar e se tenham inflamado primeiro. Por outro lado, com a rampa crescente para a tensão pico a pico de 545 V, é possível que as cavidades maiores atinjam primeiro o limiar e se inflamem primeiro.

Como explicado na ref *[Sch- 12]*, o tempo estatístico para os electrões iniciadores começarem a descarga é maior nas cavidades maiores, assim, ao aplicar uma mesma tensão, a probabilidade de inflamar cavidades maiores é maior.

## 5.3 Conclusões

Neste capítulo, mostrámos as caraterísticas da tensão e da corrente para um furo único e para matrizes de vários furos que funcionam em corrente alternada. Os estudos da dinâmica de ignição para o furo único e para as matrizes de MDRs foram apresentados utilizando o PROES.

Para os dispositivos de furo único, foi estudado o fenómeno da ignição dos bordos com o efeito de meios ciclos positivos e negativos. Verificou-se que, em semiciclo positivo, o orifício aparecia mais largo com uma intensidade luminosa brilhante nos bordos devido ao movimento dos electrões do cátodo para o ânodo de Ni. Mas no semiciclo negativo, o mesmo orifício apareceu com uma intensidade luminosa no centro da cavidade devido ao movimento dos electrões do cátodo de Ni superior em direção ao ânodo de Si.

O mesmo fenómeno foi observado para as matrizes de orifícios múltiplos. Foi estudado o efeito da pressão e das frequências na ignição da descarga utilizando os perfis de intensidade normalizada de MDRs de furo único. Verificou-se que, para um meio ciclo positivo, estes perfis têm uma largura de perfil grande para uma pressão pequena e a largura do perfil de intensidade normalizada diminui com o aumento da pressão.

No entanto, no meio ciclo negativo, observou-se um fenómeno oposto ao do meio ciclo positivo. Este fenómeno estava também relacionado com a direção dos electrões durante os semiciclos positivo e negativo.

Para os dispositivos de um só orifício, verificou-se que o número de comboios de impulsos por ciclo aumenta com o aumento da frequência e este efeito pode estar relacionado com o tempo de estabilização dos estados metaestáveis. Para as matrizes de múltiplos furos, a existência de ondas de ionização foi apresentada utilizando o PROES. Foi demonstrado que cada cavidade numa matriz de orifícios múltiplos não se pode inflamar ao mesmo , mas sim com uma série de impulsos de explosão, ou seja, ondas de ionização.

Mas não foi observada qualquer tendência específica relacionada com a direção destas ondas de ionização. Para matrizes de trincheiras múltiplas, foi também estudado o fenómeno relacionado com a tendência de ignição para uma tensão de pico a pico aplicada e para uma tensão de pico a pico variável.

No próximo capítulo, resumimos os principais resultados obtidos com o estudo das microdescargas. É também apresentada uma perspetiva de trabalho futuro e de potenciais aplicações.

# Conclusões

O objetivo deste trabalho de doutoramento foi investigar vários mecanismos físicos e condições específicas de funcionamento de reactores de microdescarga de silício (MDRs) que operam nos regimes DC e AC.

Demonstrámos o sucesso do fabrico dos dispositivos baseados em Si utilizando tecnologia CMOS e MEMS normalizada, num ambiente de sala limpa normalizado. Os dispositivos foram fabricados para funcionar tanto em regime DC como AC. Foram projectados MDRs com várias configurações diferentes para estudar as caraterísticas de microdescarga. As concepções dos reactores de microdescarga incluem dispositivos de orifício único com diâmetros de orifício que variam entre 25 μm e 150 μm, dispositivos de orifício múltiplo com diferentes números de cavidades, com diâmetros de cavidade que variam entre 25 μm e 150 μm. Foram também concebidas algumas matrizes especiais, como as matrizes de orifícios mistos e as matrizes de trincheiras mistas, para estudar alguns mecanismos específicos das microdescargas em diferentes condições.

Em regime de funcionamento DC, a ignição e a extinção das descargas para dispositivos MHCD baseados em alumina foram estudadas em He. Neste estudo, durante a ignição do MHCD, foi evidenciada a existência de enormes impulsos de corrente com uma amplitude da ordem de alguns 10's mA. Durante a ignição, foi observado um tempo típico de estabilização metaestável de 40 ps. A pressões mais elevadas (> 400 Torr), para a extinção das descargas, foram encontradas algumas oscilações com um comportamento sinusoidal exponencial com um período de tempo de alguns microssegundos. O comportamento da ignição foi explicado com um simples circuito elétrico equivalente. Usando o TDLAS, também mostrámos que a densidade metaestável seguia a forma de onda sinusoidal amplificada observada durante a extinção para pressões de gás superiores a 400 Torr. Usando o método TDLAS, foram calculadas as densidades metaestáveis para a operação normal do MHCD para He, em diferentes correntes de descarga e pressões de gás. As densidades metaestáveis variaram de $2,0 \times 10^{17}$ a $4,5 \times 10^{17}\,m^{-3}$, dependendo da pressão do gás em particular (de 350 a 750 Torr) e da corrente de descarga (de 5 a 20 mA). A temperatura do gás no interior da cavidade MHCD foi também avaliada utilizando TDLAS para diferentes correntes e pressões de descarga. A temperatura aproximada do gás variou de 500 a 1300 K $\pm$ 25%, consoante a corrente de descarga (5 a 15 mA) e as pressões de gás correspondentes (350 a 750 Torr).

Os MDR de furo único baseados em Si foram caracterizados eléctrica e opticamente em regime DC para os gases He e Ar. Para cavidades anisotrópicas próximas em Si, no caso SP, foi observado um regime de incandescência anormal devido ao cátodo limitado: a tensão de descarga aumentava com a corrente de descarga. Aqui, o plasma permaneceu confinado no interior das cavidades. Neste caso, para uma cavidade de 180 μm de profundidade e 150 μm de diâmetro, foram calculadas a densidade de corrente (J) e a densidade de potência ($P_d$). Para o Ar, verificou-se que eram 0,38 A.cm$^{-2}$ e 45 kW.cm$^{-3}$, respetivamente. Para o He, o J e a Pd aproximados foram de 0,54 A.cm$^{-2}$ e 63 kW.cm$^{-3}$, respetivamente. Para o caso RP, observou-se um ligeiro regime anómalo com a mesma cavidade anisotrópica. Este regime de incandescência ligeiramente anormal ocorreu devido à presença de um revestimento protetor de PR no cátodo de Ni superior. No caso RP, J e

Pd para Ar foram iguais a 1,80 A. cm$^{-2}$ e 189 kW.cm$^{-3}$, respetivamente. No caso do He, os valores aproximados de J e Pd foram 2,00 A.cm$^{-2}$ e 169 kW.cm$^{-3}$, respetivamente. O mesmo tipo de estudo foi efectuado para MDRs de furo único com configurações de cavidade isotrópica e de furo passante. Para estas configurações, observou-se um comportamento do tipo normal de incandescência para os casos SP e RP. Isto deveu-se ao facto de as cavidades de Si terem uma área catódica maior e de o plasma se poder expandir sobre a superfície.

Os efeitos do diâmetro da cavidade e da pressão na tensão de rutura foram também estudados utilizando dispositivos de furo único. No estudo, foi demonstrado que cavidades com diâmetros de orifício mais pequenos necessitam de uma tensão aplicada mais elevada para a rutura. O efeito da histerese para cavidades anisotrópicas, isotrópicas e de furo passante foi estudado para MDRs de furo único. Foram evidenciados dois tipos de efeitos de histerese.

Para descobrir o comportamento do plasma, foram efectuadas simulações com a ferramenta GDSim (Glow Discharge Simulation tool), para MDR anisotrópico de furo único. As simulações foram efectuadas para duas correntes de descarga: 1,2 mA e 5,3 mA. A partir das simulações, a densidade de electrões foi encontrada na ordem dos $10^{14}$ cm$^{-3}$. Nestas simulações, foi demonstrado que, com uma Id mais elevada, os electrões estavam mais concentrados na cavidade e tinham uma densidade de electrões mais elevada do que com uma Id mais baixa. As densidades metaestáveis eram da ordem dos $10^{15}$ cm$^{-3}$ perto do limite do cátodo. Verificou-se que a temperatura do gás era mais elevada no interior da cavidade, em particular perto do cátodo. A temperatura do gás teve um valor máximo de 325 K para 1,2 mA e de 425 K para 5,3 mA. A espessura da bainha também foi calculada. Foi da ordem de 20 μm para a corrente de descarga mais elevada de 5,3 mA e de 40 μm para o valor mais baixo da corrente de descarga de 1,2 mA, à mesma pressão de gás. Foi efectuada uma espetroscopia de emissão ótica (OES) para calcular a temperatura do gás no interior da cavidade MDR de orifício único. Para uma corrente de descarga de 3 mA, a temperatura aproximada do gás foi de 410 ± 30 K e, para uma corrente de descarga de 4,8 mA, a temperatura aproximada do gás foi de 450 ± 30 K. As temperaturas experimentais do gás concordaram com os resultados da simulação GDSim.

Foram estudadas matrizes de orifícios múltiplos com diferentes configurações em regime DC. O estudo de matrizes de 4 x 4 furos, com dois espaçamentos diferentes entre furos, foi efectuado com gás He. Para a matriz com maior distância entre furos (alguns mm), foi obtido um regime de incandescência anormal no caso SP devido à superfície limitada do cátodo.

Os estudos de rutura das matrizes profundamente gravadas mostraram quedas nos seus gráficos V-I. Este facto indicou a necessidade de uma tensão mais elevada para a ignição de novas cavidades MDR. Os estudos de decomposição para diferentes pressões revelaram que, a uma pressão mais elevada (~1000 Torr), as cavidades mais pequenas, com um diâmetro de 50 μm ou menos, entram em ignição preferencialmente, mas a uma pressão mais baixa, as cavidades com diâmetros maiores (100 e 150 μm) entram em ignição preferencialmente. No entanto, não foi observada qualquer preferência de ignição entre os diâmetros de cavidade de 100 e 150 μm. Verificou-se que o efeito da rampa de tensão afectava a ignição das matrizes. Descobriu-se que, se a rampa de tensão for lenta, mais cavidades MDR numa matriz podem inflamar-se em comparação com a rampa de tensão mais rápida. Foi também demonstrado que o número de orifícios numa matriz pode afetar a tensão de rutura. Assim, as matrizes com muitos orifícios (256 ou 1024 orifícios) têm uma tensão de rutura mais baixa em comparação com os MDR de orifício único. Isto deve-se ao facto de a probabilidade estatística de encontrar um eletrão inicial numa matriz de múltiplos orifícios ser superior à de uma MDR de orifício único. Também em geral, observou-se uma tensão de rutura mais elevada para o gás Ar em comparação com o gás He à mesma pressão. Obteve-se uma corrente de descarga mais elevada para a matriz de 1024 orifícios em comparação com o dispositivo de orifício único, quando apenas uma única cavidade estava a inflamar em ambos os casos.

Ao caraterizar melhor estas matrizes, verificou-se que as matrizes com cavidades isotrópicas e pouco gravadas podem ser inflamadas completa e facilmente, em comparação com as cavidades anisotrópicas profundamente gravadas. Para uma matriz de 1024 orifícios com um diâmetro de cavidade de 100 µm e uma profundidade de cavidade de 20 µm, a densidade de corrente média calculada (J) foi da ordem dos 0,192 A.cm$^{-2}$ e a densidade de potência (Pd) foi de 261 kW.cm$^{-3}$. No estudo, verificou-se que a descarga começou a inflamar-se a partir do canto da matriz. Este foi o efeito dos eléctrodos microestruturados e da resistividade das superfícies superiores. Isto foi atribuído ao facto de, no canto, a resistência ser menor em comparação com o centro da matriz e, por conseguinte, a descarga se inflama preferencialmente a partir das cavidades dos bordos presentes numa matriz.

Foram também investigadas algumas geometrias exóticas. Com as matrizes de trincheiras múltiplas, observou-se o fenómeno de ignição nas bordas para as pressões mais elevadas (~1000 Torr). A uma pressão mais baixa (~100 Torr), foi possível demonstrar uma ignição completa da matriz com Ar. Também demonstrámos as matrizes de orifícios concêntricos com a possibilidade de funcionarem a qualquer pressão, de 100 a 1000 Torr.

Foram efectuados estudos de tempo de vida para matrizes de orifício único e de orifícios múltiplos com cavidades isotrópicas e anisotrópicas. Verificou-se que os MDRs com cavidades profundamente gravadas e cavidades isotrópicas podem ter um tempo de vida mais longo. O tempo de vida para um dispositivo de furo único foi de alguns 10 segundos a alguns 10 minutos. O tempo de vida para conjuntos de orifícios múltiplos foi de alguns minutos a algumas horas. Neste estudo, a existência de micro-arcos durante o funcionamento do plasma foi demonstrada e considerada a causa da falha dos dispositivos de microdescarga. Neste caso, é possível que a elevada capacidade dos dispositivos de Si (~ 1 nF) seja capaz de fornecer uma elevada energia aos impulsos de corrente. E estes impulsos de corrente de alta energia podem levar a microarcos transitórios. Estes microarcos podem gerar-se localmente no interior da cavidade do MDR e foram capazes de corroer e projetar material catódico, que foi depois redepositado nas paredes laterais das cavidades. Esta redeposição estabeleceu contacto entre o ânodo e o cátodo. Este facto provocou a morte dos MDR. Os resultados das análises SEM e EDX confirmaram a deposição de Si nas paredes laterais e no elétrodo superior de Ni.

Foram também efectuados estudos de MDRs de furos simples e de matrizes de furos múltiplos em regime AC. A caraterização ótica foi efectuada utilizando o método PROES. Para os dispositivos de um só furo, o fenómeno de ignição de bordos foi demonstrado para um meio ciclo positivo utilizando PROES. De facto, foi demonstrado que este fenómeno estava relacionado com o movimento dos electrões. No semiciclo positivo, a direção dos electrões era na direção do elétrodo de Ni, o que poderia levar a intensidades de luz mais elevadas nos bordos da cavidade. No entanto, no semiciclo negativo, a direção dos electrões foi para a cavidade e a parte central da cavidade ficou mais brilhante.

Do mesmo modo, foi estudado o efeito da pressão na ignição e verificou-se que o perfil de intensidade da luz se tornou mais largo a uma pressão mais baixa para o meio ciclo positivo e o efeito oposto foi observado para o meio ciclo negativo. O efeito da frequência na dinâmica da ignição foi estudado utilizando o PROES. Verificou-se que, a frequências mais baixas, a descarga podia inflamar-se continuamente num MDR de furo único. Mas a frequências mais elevadas, observou-se um comportamento de ignição do tipo auto-pulsante. Este fenómeno foi relacionado com o tempo de estabilização dos estados de densidade metaestáveis.

As caracterizações eléctricas para 1024 matrizes permitiram calcular a densidade de corrente da ordem de alguns 10's de mA cm$^{-2}$ (para 1024 matrizes de orifícios), que era 18 vezes inferior às densidades de corrente em regime DC. As imagens estáticas das matrizes mostraram uma emissão homogénea das matrizes.

Mas a experiência PROES revelou que a ignição das microdescargas não é um fenómeno contínuo, mas que corresponde a um fenómeno de ignição sucessiva. A espetroscopia de emissão ótica resolvida no espaço e na fase bidimensional mostrou a existência de uma onda de ignição para cada explosão de emissão da matriz. Geralmente, a onda de ignição começa num canto do conjunto e propaga-se através da superfície do conjunto.

No entanto, não foi observada qualquer particularidade nas direcções de propagação destas ondas. Podem começar em qualquer canto ou formar-se no centro da matriz. Devido a uma reprodutibilidade não perfeita do fabrico do reator, podem ser observados comportamentos diferentes de uma matriz para outra. Também se observou nas matrizes um fenómeno de ignição de bordos semelhante ao dos MDR de furo único.

As matrizes de trincheiras mistas com 256 trincheiras também foram estudadas em regime AC. Foi claramente observado o fenómeno de ignição nas extremidades das trincheiras maiores, de 150 e 100 μm. Neste caso, foi registada a presença de uma onda de ignição. Foram estudadas as tendências de ignição, para as diferentes condições de tensão aplicada.

Verificou-se que, quando a tensão aplicada de pico a pico era suficientemente elevada para inflamar todos os subconjuntos, os subconjuntos com trincheiras mais largas inflamavam-se primeiro. Mas, quando a tensão aplicada de pico a pico não era suficiente para inflamar todas as trincheiras, apenas os subarrays de trincheiras estreitas se inflamavam. A tendência de ignição para ambos os casos pode estar relacionada com a excitação dos metaestáveis com o fornecimento de energia suficiente.

Nesta tese de doutoramento, evidenciámos e explicámos vários fenómenos físicos relacionados com a microdescarga em regime DC e AC. Os resultados deste estudo serão úteis para a próxima fabricação de reactores de microdescarga em silício.

Com base nos resultados da tese de doutoramento, podem ser dadas algumas sugestões para estudos futuros. O fabrico de dispositivos de nova geração com um tempo de vida longo pode ser um ponto interessante para estudos futuros.

A integração dos dispositivos em chips para muitas aplicações, como o lab-on-a chip, também pode ser um motivo potencial para estudos futuros. Os actuais dispositivos à base de Si e de alumina podem ser utilizados em configurações de três eléctrodos.

Esta configuração pode ser útil para aplicações de tratamento de gases e de superfícies. O controlo da ignição das microdescargas individuais numa matriz de orifícios múltiplos pode ser outro aspeto interessante para estudos futuros. Este tipo de dispositivos controlados poderá então ter aplicações nas tecnologias de visualização.

# Bibliografia


| | |
|---|---|
| **[Amb-10]** | Ambrico P.F., Ambrico M., Colaianni A., Schiavulli L., Dilecce G e Benedictis S. De, 2010, J. Phys. D: Appl. Phys. 43 (32), 325201. |
| **[Aub-07]** | Aubert X., Bauville G., Guillon J., Lacour B., Puech V., Rousseau A., 2007, Plasma Sources Sci. Technol., 16, 23-32. |
| **[Baa-03]** | Baars-Hibbe L., Sichler P., Schrader C., Gebner C., Gericke K-H., Buttgenbach S., 2003, Surface Coat. Technology 519, 174-175. |
| **[Baa-04]** | Baars-Hibbe L., Schrader C., Sichler P., Cordes T., Gericke K-H., Buttgenbach S., Draeger S., 2004, Vacuum 73, 327. |
| **[Bec-04]** | Becker K. H., Kogelschatz U., Schoenbach K. H., Barker R. J., Eds., NonEquilibrium Air Plasmas at Atmospheric Pressure, 2004, IOP Publishing Ltd, Bristol, UK, (atualmente: Taylor & Francis, CRC Press). |
| **[Bec-05]** | Becker K. H., Koutsospyros A., Yin S-M., Christodoulatos C., Abramzon N., Joaquin J. C. e Brelles-Marino G., 2005, Plasma Phys. Control. Fusão 47, B513. |
| **[Bec-06]** | Becker K. H., Schoenbach K. H. and Eden J. G., 2006, J. Phys. D: Appl. Phys. 39, R55-70. |
| **[Boe-10]** | Boettner H., Waskoenig J, O'Connell D, Kim T. L., Tchertchian P A, Winter J. e Schulz-von der Gathen V., 2010, J. Phys. D: Appl. Phys. 43 (12), 124010. |
| **[Boe-95]** | Boeuf J.P., Pitchford L.C., 1995, Phys. Rev. E 51, 1376. |
| **[Bou-94]** | Boulos M. I., Fauchais P., Pfender E., 1994, Thermal Plasmas: Fundamental and applications I, Plenum Press, New York, ISBN: 0-306- 44607-3, 452 pp. |
| **[Cha-10]** | Chabert P., Lazzaroni C. e Rousseau A., 2010, JAP 108. |
| **[Che-01]** | Chen J., Park S-J., Eden J. G., Liu C., 2001, Proceedings of Transducers '01 Eurosensors XV: The 11th International Conference on Solid-State Sensors and Actuators, Munich 2001, editado por E. Obermeier (Springer 2001), Paper 2C1.05P. |
| **[Che-02]** | Chen J., Park S.-J., Eden J. G., e Liu C., 2002, Journal of microelectromechanical systems, 11 (5), 536-543. |
| **[Cho-99]** | Choi K. C. e Tae H-S., 1999, IEEE Trans. Electron Devices 46, 2344. |
| **[Chr-90]** | Christophorou L. G. and Pinnaduwage L. A., 1990, *IEEE Trans. Electr. Insul.* 25, 55-74. |
| **[Dei-08]** | Deilmann M., Halfmann H., Bibinov N., Wunderlich J. e Awakowicz P., 2008, J. Food Prot. 71, 2119-23. |
| **[Den-07]** | Deng S., Ruan .R, Mok C. K., Huang G., Lin X. e Chen P., 2007, J. Food Sci. 72, |

M62-66.

**[Don-05]**  Dong L., Liu F., Liu S., He Y., Fan W., 2005, Phys. Rev. E 72, 046215.

**[Duf-08]**  Dufour .T, Dussart R., Lefaucheux P., Ranson P., Overzet L. .J, Mandra M., Lee J-B., Goeckner M., 2008, Appl. Phys. Lett. 93, 0715081.

**[Duf-09]**  Dufour T., 2009, tese de doutoramento "Etude experimentale et simulation des micro
plasmas generes dans des micro-cathodes creuses", GREMI, Univ. d'Orleans, França.

**[Duf-10]**  Dufour T., Overzet L. J., Dussart R., Pitchford L. C., Sadeghi N., Lefaucheux P., e Kulsreshath M., e Ranson P., 2010, The European Physical Journal D, Volume 60, Número 3, 565-574.

**[Dus-04]**  Dussart R., Boufnichel M., Marcos G., Lefaucheux P., Basillais A., Benoit R., Tillocher T., Mellhaoui X., Estrade-Szwarckopf H. e Ranson P., 2004, J. Micromech. Microeng. 14, 190-196.

**[Dus-10]**  Dussart R, Overzet L.J., Lefaucheux P., Dufour T., Kulsreshath M., Mandra M.A., Tillocher T., Aubry O., Dozias S., Ranson P., Lee J.B., e Goeckner M. 2010, Eur. Phys. J. D 60, 601-608.

**[Ede-03]**  Eden J. G., Park S-J., Ostrom N. P., McCain S. T., Wagner C. J., Vojak B. A., Chen J., Liu C., Allmen P. von, Zenhausern F., Sadler D. J., Jensen C., Wilcox D. L. e Ewing J. J., 2003, J. Phys. D: Appl. Phys. 36, 2869-2877.

**[Ede-05]**  Eden J G e Park S-J, 2005, Plasma Phys. Control. Fusão 47 (12B), B83-B92.

**[Ede-05a]**  Eden J. G., Park S-J., Ostrom N. P. e Chen K-F., 2005 J. Phys. D: Appl. Phys. 38, 1644-1648.

**[Eij-00]**  Eijkel J. C. T., Stoeri H., Manz A., 2000, J. Anal. At. Spectrom. 15, 297.

**[Ell-76]**  Ellis H. W., Pai R. Y., e Mcdaniel E. W., 1976, Atomic data and nuclear dta tabelas 17, 177-210.

**[Evj-04]**  Evju J. K., Howell P. B., Locascio L .E, Tarlov M. J., Hickham J. J., 2004, Appl. Phys. Lett. 84, 1668.

**[Fan-06]**  Fantz U., 2006, Plasma Sources Sci. Technol. 15, S137-S147.

**[Far-94]**  Farin G. e Grund K. E. 1994, Endosc. Surg. Allied Technol. 2. 71-77.

**[Foe-05]**  Foest R., Kindel E., Ohl A., Stieber M. e Weltmann K. D., 2005, Plasma Phys. Controlo. Fusão 47, B525-36.

**[Foe-06]**  Foest R., Schmidt M. e Becker K. H., 2006, Mass Spectrom. 248, 87-102.

**[Fra- 98]**  Frame J. W. e Eden J. G., 1998, Electron. Lett. 34, 1529.

[Fra-97]    Frame J. W., Wheeler D. J., De Temple T. A. e Eden J. G., 1997, Appl. Phys. Lett. 71, 1165-1167.

[Fra-98a]   Frame J. W., John P. C., DeTemple T. A., e J. G. Eden, 1998, Appl. Phys. Lett., vol. 72, pp. 2634-2636.

[Gol-05]    Golubovskii Y. B., Maiorov V. A., Behnke J., Behnke J. F., 2005, Plasma Process. Polym., 2, 188.

[Gui-00]    Guikema J., Miller N., Niehof J., Klein M., Walhout M., 2000, Phys. Rev. Lett, 85, 3817.

[Hab-98]    El-Habachi A. e Schoenbach K. H., 1998, Appl. Phys. Lett. 72, 22.

[Hab-98a]   El-Habachi A. e Schoenbach K. H., 1998b, Appl. Phys. Lett. 73, 885.

[Hag-05]    Hagelaar G.J.M., Pitchford L.C., Plasma Source. Sci. Technol. 14,    722 (2005)

[Hip-07]    Hippler R., Kersten H., Schmidt M., Schoenbach K. H., 2007,    2ª edição, Wiley-VCH, Weinheim.

[Hsu-03]    Hsu D. D. e Graves D. B., 2003, J. Phys. D: Appl Phys. 30.

[Hsu-05]    Hsu D. D. e Graves D. B., 2005, Plasma Chemistry and Plasma Processing, 25, 1-17.

[Iza-08]    Iza F., Kim G. J., Lee S. M., Lee J. K., Walsh J. L., Zhang Y. T. e Kong M. G., 2008, Plasma Processes Polym. 5, 322-44.

[Kem-93]    Kern W., Ed., Handbook of Semiconductor Cleaning Technology, 1993, Noyes Publishing: Park Ridge, NJ, Capítulo 1.

[Kle-01]    Klein M., Miller N., Walhout M., 2001, Phys. Rev. E 64, 026402.

[Kog-03]    Kogelschatz U., 2003, Plasma Chem. Plasma Process. 23, 1.

[Kog-99]    Kogelschatz U., Eliasson B., Egli W., 1999, Pure Appl. Chem. 71, 1819.

[Kon-09]    Kong M. G., Kroesen G., Morfill G., Nosenko T., Shimizu T., Dijk J. van e Zimmermann J. L., 2009, New Journal of Physics 11, 115012.

[Kor-98]    Korolev Yu. D. e Mesyats G. A., 1998, Physics of pulsed breakdown in gases, URO-Press.

[Kot-05]    Kothnur P.S. e Raja L.L., 2005, Journal of Applied Physics, 97, 043305.

[Kuf-00]    Kuffel E., Zaengl W. S. e Kuffel J., 2000, High Voltage Engineering Fundamentals, Londres: Butterworth-Heinemann.

[Kul-12]    Kulsreshath M. K., Schwaederle L., Overzet L.J., Lefaucheux P., Ladroue J., Tillocher T., Aubry O., Woytasik M., Schelcher G., e Dussart R., 2012, J. Phys. D: Appl. Phys. 45, 285202.

[Kun-00]    Kunhardt E. E., 2000, IEEE Trans. Plasma Sci. 28, 189.

**[Kur-01]**    Kurunczi P., Lopez J., Shah H. e Becker K., 2001, Int. J. Mass Spectrom. 205, 277.

**[Kus-05]**    Kushner M.J., 2005, J. Phys. D: Appl. Phys. 38, 1633.

**[Laz-11]**    Lazzaroni C. and Chabert P., 2011, Plasma Sources Sci. Technol. 20.

**[Led-09]**    Leduc M. et al., 2009, New J. Phys. 11, 115021.

**[Lee-09]**    Lee M. H. et al, 2009, New J. Phys. 11, 115022.

**[Lie-05]**    Lieberman M. A., Lichtenberg A. J., 2005, Principles of plasma discharges and materials processing, New York: Wiley, Hoboken, NJ.

**[Mar-11]**    Martin V., Bauville G., Sadeghi N. e Puech V., 2011, J. Phys. D: Appl. Phys. 44, 435203.

**[Mee]**    Meeker D. C., Finite element method magnetics, versão 4.0.1
http://www.femm.info/wiki/HomePage

**[Mic-02]**    Miclea M. et al., 2002, Proc. Hakone VIII (Puehajaerve, Estónia) vol 1, p 206.

**[Mit-08]**    Mitra B, Levey B e Gianchandani Y B 2008 *IEEE Trans. Plasma Sci.* 36 1913

**[Mit-12]**    Mitea S., Zeleznik M., Bowden M. D., May P. W., Fox N. A., Hart J. N., Fowler C., Stevens R. e Braithwaite N. St. J., 2012, Fast track communication, Plasma Sources Sci. Technol. 21, 022001.

**[Moi-96]**    Moisan M., Calzada M.D., Gamero A., and Sola A., 1996, J. Appl. Phys. 80 (1), 46- 55.

**[Mos-01]**    Moselhy M., Stark R. H., Schoenbach K.H. e Kogelschatz U., 2001, Appl. Phys. Lett. 78, 880.

**[Mos-01a]**    Moselhy M., Shi W., Stark R. H. and Schoenbach K. H., 2001, Appl. Phys. Lett. 79, 1240.

**[Mos-03]**    Moselhy M., Petzenhauser I., Frank K. e Schoenbach K. H., 2003, J. Phys. D: Appl. Phys. 36, 2922.

**[Nad-96]**    Naidu M. S. and Kamaraju V., 1996, High Voltage Engineering ed. 2, New York: McGraw-Hill.

**[Ner-04]**    Nersisyan G., Graham W. G., 2004, Plasma Sources Sci. Technol. 13, 582.

**[Nis-12]**    Base de dados Nist: http://physics.nist.gov/PhysRefData/ASD/lines_form.html (consultado em agosto de 2012)

**[Pap-63]**    Papoular R., 1963, "Phenomenes Electriques dans les Gaz", Dunod, Paris (Berlin Springer).

**[Par-00]**    Park S-J., Wagner C.J., Herring C. M., e Eden J. G., 2000, Appl. Phys. Lett. 77, 199.

[Par-01]    Park S-J., Chen J., Liu C., e Eden J. G., 2001, Appl. Phys. Lett. 78(4), 419
421.

[Par-02]    Park S-J., Chen J., Wagner C. J., Ostrom N. P., Liu C., e Eden J. G., 2002,
Journal on selected topics in quantum electronics 8 (2), 387.

[Par-05]    Park S-J., Chen K-F., Ostrom N. P., e Eden J. G., 2005, Appl. Phys. Lett. 86,
111501.

[Pas-89]    Paschen F., 1889, Ann. Phys., Lpz. 273, 69-96.

[Pen-02]    Penache C., Miclea M., Brauning-Demian A, Hohn O, Schossler S, Jahnke,
Niemax K e Schmidt-Bocking H, 2002, Plasma source sci. Technology. 11, 476-
483.

[Pen-93]    Penetrante B. M. e Schultheiss S. E., 1993, Proc. NATO-ASI vol. 34A/B, New
York: Plenum.

[Que]       Questech Services Corporation, 2201 Executive Drive, Garland, Texas 75041, EUA
(http://www.questlaser.com).

[Rai-06]    Raiser J. and Zenker M., 2006, J. Phys. D: Appl. Phys. 39 (16), 3520-3523.

[Rai-91]    Raizer, Y. P., Gas discharge Physics, 1991, ISBN 3-540-19462-2 SpringerVerlag
Berlin Heidelberg New York.

[Raj-09]    Rajasekaran .P, Mertmann P., Bibinov N., Wandke D., Viol W., e Awakowicz P.,
2009, J. Phys. D: Appl. Phys. 42 (22), 1540-1543.

[Rev-00]    Revel I., Pitchford L.C., Boeuf J.P., 2000, J. Appl. Phys. 88, 2234.

[Rob-12]    Robert E., Sarron V., Ries D., Dozias S., Vandamme M. e Pouvesle J-M., 2012,
Plasma Sources Sci. Technol. 21, 034017.

[Rot -95]   Roth J. R., 1995 Industrial plasma Engineering vol-1, IOP Publishing Ltd.

[Rou-06]    Rousseau A. e Aubert X., 2006, J. Phys. D: Appl Phys. 39.

[Sad-04]    Sadeghi N., 2004, Molecular Journal of Plasma and Fusion Research, 80, 767.

[San-02]    Sankaran R.M., Giapis K.P., 2002, J. Appl. Phys. 92, 2406.

[Sch-00]    Schoenbach K. H., El-Habachi A., Moselhy M., Shi W. e Stark R. H., 2000, Phys.
Plasmas 7, 2186.

[Sch-00a]   Schlesinger M. e Paunovic M., Modern electroplating, 2000, John Wiley &
Sons, Inc.

[Sch-03]    Schoenbach K. H., Moselhy M., Shi W. e Bentley R., 2003, J. Vac. Sci. Technol.
A 21, 1260.

[Sch-12]    Schwaederle L., Kulsreshath M. K., Overzet L. J., Lefaucheux P., Tillocher T. e
Dussart R., 2012, J. Phys. D: Appl. Phys. 45, 065201.

[Sch-96]   Schoenbach K.H., Verhappen R., Tessnow T., Peterkin F.E., Byszewski W.W., 1996, Appl. Phys. Lett. 68, 13.

[Sch-97]   Schoenbach K. H., El-Habachi A., Shi,W. Ciocca M., 1997, Plasmas sources Sci. Technol., 6, 468-477.

[Ser-97]   Serikov V.V., Nanbu K., 1997, J. Appl. Phys. 82, 5948.

[Sla-04]   Sladek R. E. J., Stoffels E., Walraven R., Tielbeek P. J. A. e Koolhoven R. A., 2004, IEEE Trans. Plasma Sci. 32 (4), 1540-1543.

[Sta-05]   Staack D., Farouk B., Gutsol A., Fridman A., 2005, Plasma Sources Sci. Technol. 14, 700.

[Sta-99a]  Stark R. H. and Schoenbach K. H., 1999, J. Appl. Phys. 85 (4), 2075.

[Sta-99b]  Stark R.H. and Schoenbach K.H., 1999, Applied Physics Letters, 74 (25), 3770.

[Sto-06]   Stoffels E., Kieft .I E., Sladek R. E. J., Bedem L. J. M. van den, Laan E. P. van der e Steinbuch M., 2006, Plasma Sources Sci. Technol. 15(4), S169-S180.

[Van-12]   Vandamme M., Robert E., Lerondel S., Sarron V., Ries D., Dozias S., Sobilo J., Gosset D., Kieda C., Legrain B., Pouvesle J-M. e Le Pape A., 2012, Int. J. Cancer: 130, 2185-2194.

[Wag-03]   Wagner H-E., Brandenburg R., Kozlov K. V., Sonnenfeld A., Michel P., Behnke J. F., 2003, Vacuum 71, 417.

[Was-08]   Waskoenig J., O'Connell D., Schulz-von der Gathen V., Winter J., Park S-J. e Eden J. G., 2008, Appl. Phys. Lett. 92 (10), 101503.

[Wel-08]   Weltmann K-D., Brandenburg R., Woedtke .T von, Ehlbeck J., Foest R. , Stieber M. e Kindel E., 2008, J. Phys. D: Appl. Phys. 41,194008.

[Whi-59]   White A. D., 1959, J. Appl. Phys. 30 (5), 711.

[Yin-03]   Yin S-M., Christodoulatos C., Becker K. e Koutsospyros A., 2003, Proc. Int. Conf, on Environ. Syst. (ICES) SAE International, Paper No 2003-01-2501

# Apêndice - Publicações

Partes deste trabalho já foram publicadas em diferentes revistas científicas. A lista dos artigos publicados é apresentada de seguida:

- Mukesh Kulsreshath, Laurent Schwaederle, , L.J. Overzet, P. Lefaucheux, J. Ladroue, T. Tillocher, O. Aubry, M. Woytasik, G. Schelcher, R. Dussart, "Study of DC microdischarge arrays made in silicon using CMOS compatible technology", J. Phys. D: Appl. Phys. 45, 285202 (2012)

- Laurent Schwaederle, Mukesh Kulsreshath, Lawrence Overzet, Philippe Lefaucheux, Thomas Tillocher, Remi Dussart, "Breakdown study of dc silicon micro-discharge devices", Journal of Physics D: Applied Physics, 45, 065201 (2012)

- T. Dufour, L.J. Overzet, R. Dussart, L.C. Pitchford, N. Sadeghi, P. Lefaucheux, M. Kulsreshath e P. Ranson, "Experimental study and simulation of a micro-discharge with limited cathode area", Eur. Phys. J. D 60, 565-574 (2010)

- R. Dussart, L.J. Overzet, P. Lefaucheux, T. Dufour, M. Kulsreshath, M.A. Mandra, T. Tillocher, O. Aubry,S. Dozias, P. Ranson, J.B. Lee, e M. Goeckner, "Integrated micro-plasmas in silicon operating in helium", Eur. Phys. J. D (2010)

Printed by Books on Demand GmbH, Norderstedt / Germany